好书精读 Master 15'

商业新闻出版公司和轻松读文化事业有限公司提供内容支持

操之在我

无可替代的就业力

轻松读大师项目部　编

中国盲文出版社

图书在版编目（CIP）数据

操之在我：无可替代的就业力：大字版 / 轻松读大师项目部编. —北京：中国盲文出版社，2017.4
ISBN 978－7－5002－7857－3

Ⅰ.①操…　Ⅱ.①轻…　Ⅲ.①成功心理—通俗读物
Ⅳ.①B848.4－49

中国版本图书馆 CIP 数据核字（2017）第 084591 号

本书由轻松读文化事业有限公司授权出版

操之在我——无可替代的就业力

编　　者：轻松读大师项目部
出版发行：中国盲文出版社
社　　址：北京市西城区太平街甲 6 号
邮政编码：100050
印　　刷：北京汇林印务有限公司
经　　销：新华书店
开　　本：787×1092　1/16
字　　数：95 千字
印　　张：14
版　　次：2017 年 4 月第 1 版　2017 年 5 月第 1 次印刷
书　　号：ISBN 978－7－5002－7857－3/B・339
定　　价：48.00 元
销售热线：(010) 83190297　83190289　83190292

出版前言

数字文明为我们求知问道、拓展格局带来空前便利，同时也使我们深受信息过剩、知识爆炸的困扰。面对海量信息，闭目塞听、望洋兴叹固非良策，不分主次、照单全收更无可能。时代快速变化，竞争不断升级，要想克服本领恐慌，防止无知而盲、少知而迷，需尽可能将主流社会的最新智力成果内化于心、外化于行，如此才能更好地顺应时代，提高成功概率。为使读者精准快速地把握分散在万千书卷中的新理念、新策略、新创意、新方法，我们组织编写了这套《好书精读丛书》。

这套书旨在帮助读者提高阅读质量和效率。我们依托海内外相关知识服务机构十多年的持续积累，博观约取，从经济管理、创业创新、投资理财、营销创意、人际沟通、名企分析等方面选取数百种与时俱进又经世致用的好书分类整合，凝练出版。它们或传播现代经管新知，或讲授实用营销技巧，或聚焦创新创业，或分析成功者要素组合，真知云集，灼见荟萃。期待这些凝聚着当代经济社会管理创新创意亮点的好书，能为提升您的学识见解和能力建设提供优质有效便捷的阅读资源。

聚焦对最新知识的深度加工和闪光点提炼是这套书的突出特点。每本书集中解读4种主题相关的代表性好书，以“要点整理”“5分钟摘要”“主题看板”“关键词解读”“轻松读大师”等栏目精炼呈现各书核心观点，崇真尚实，化繁为简，您可利用各种碎片化时间在赏心悦目中取其精髓。常读常新，明辨笃行，您一定会悟得更深更透，做得更好更快。

好书不厌百回读，熟读深思子自知。作为精准知识服务的一次尝试，我们期待能帮您开启高效率的阅读。让我们一起成长和超越！

目 录

操之在我猎职术 ………………………………………… 1

好工作不是等来的。积极向外自我推销，争取自己真正想要的工作，一切操之在你。这在于你是否善用明智的职业生涯策略：着重于自己的心态，而不是技能；想清楚你的“完美工作”是什么；组合求职工具箱中的素材；将自己定位为解决方案的提供者；努力让职业生涯无懈可击。

无可取代的就业力 ………………………………… 59

要想成为无可取代的员工，无论什么时候，都要想办法提升自己的个人价值，任何有助于改善流程、创造收入或减少支出的计划，都要视为自己的责任。无论担任什么职位，只要主动寻找机会，努力发现那些需要做的事情，每位员工都有发挥影响力的机会。

卓越工作成就成功事业 …………………………… 113

无论环境如何，无论身处何处，都无碍于追求伟大。你可以重新定义工作，也可以追求新的工作，重点在于什么样的工作最能让你发挥长处，找到自己的价值，然后彻底点燃热情并照亮世界。要运用进取心为自己勾勒出最佳职业生涯，让自己因为做了大事，而在日后回顾时感到骄傲！

职业生涯资本胜出法则 ………………………… 165

不必想方设法寻找跟自己爱好相符的工作，反之，你要努力累积职业生涯资本。一旦你有雄厚的职业生涯资本，便可以通过其中一些资本掌控你从事的工作，然后去做重要的事。这是打造完美职业生涯的聪明之道。

操之在我猎职术

Get the Job You Want, Even When No One's Hiring

Take Charge of Your Career,

Find a Job You Love,

and Earn What You Deserve

原著作者简介

福特·梅尔斯(Ford R. Myers),毕业于天普大学及罕布什尔学院,现为职业生涯管理顾问公司总裁,曾亲自协助数千位客户全力发挥他们的职业生涯潜能,帮助他们成功晋升为事业经营者。福特·梅尔斯也是经验丰富的演说家,辅导过的客户及演说对象包括普林斯顿大学、瑞殿保险集团、先锋投资集团和国际绩效改进协会,等等。福特·梅尔斯曾经被《华尔街日报》、《芝加哥论坛报》、《纽约时报》等媒体报道过,著有《终极职业生涯指南》一书。

本文编译:黄玩

主要内容

主题看板 猎职 / 5

编辑室报告 不要等机会，要创造机会 / 9

5分钟摘要 反其道而行 / 12

轻松读大师

一 着重于自己的心态，而不是技能 / 15

二 想清楚你的“完美工作”是什么 / 22

三 组合求职工具箱中的素材 / 28

四 将自己定位为解决方案的提供者 / 34

五 努力让职业生涯无懈可击 / 52

主题看板

猎　职

猎头公司是人力市场上很常见的人力中介服务商，它们和企业签约，为企业找到人才之后再抽取佣金。猎头公司通常掌握着企业内高薪或高级的工作职位，也不乏一些需要立刻上班的紧急职缺。但是猎头公司主要是为企业寻找适合人才。那些想寻找理想工作的求职者，只能处于有朝一日获得发掘的被动情形。

为了进入理想企业工作，如今已有许多求职者开始反过来向猎头公司自我推荐，一旦获得猎头公司的青睐，就很可能会得到面试机会，争取到想要的工作。对于如何将自己推荐给目标企业的猎头公司，《华尔街日报》曾经刊登过一篇文章，给求职者提了几项建议：

◎ 从自己的人脉网中找出目前担任企业人

力资源主管的朋友。他们很有可能原本就与猎头公司合作过，或者有被挖掘或被推荐的经验，他们会很乐于帮你介绍猎头公司。

◎ 可以在网络上搜索猎头公司的资料。例如Riley Guide、RecruiterRedbook、BlueSteps，这3个网站上都有美国的猎头公司名单。此外，社交媒体网站领英（LinkedIn）上也有多名猎头专员。

◎ 多收看商业新闻。有些节目会刊登猎头专家的信息或引用他们的话，可以直接打电话联系他们。

◎ 从参加的商业聚会中拓展人脉，找出猎头公司。

◎ 打电话给自己属意企业的人力资源主管，直接询问该公司与哪一家猎头公司合作。美国人通常不介意透露这些信息，然后你再去找那家猎头公司自我推荐。

想要主动出击找到好工作，善用提案也是个

好方法。一般的简历都只说明个人信息，被动地接受求职公司检视，这样的简历无法给人留下深刻印象，也很难帮助求职者获得进一步的面试机会。现在的求职者应该要有自我推销的意识，把自己当作商品或公司来营销。如果把简历当作是对求职公司的提案，在其中表明可以为公司解决目前面临的困难，直接满足公司的需求，自然更有机会获得那份工作。大部分企业主管都希望员工针对制造、营销等运营问题提出解决方案，因此，能提出解决方案的简历，会受到经营者的特别重视，优先获得面试机会。

使用提案式简历，有几点注意事项：

◎ 指明想要挑战该公司的某项具体职务，而并非只是找份工作。

◎ 针对该职务提案，说明自己可以为公司创造多少业绩，让企业形象提升到什么境界。

◎ 以过去的成功案例来佐证提案的可行性。

此外，未来社交媒体网站也会发展成企业招

募人才的工具。美国一家人力资源软件公司的调查报告指出，超过8成的美国企业开始使用社交媒体网站作为招募人才的工具，相对而言，求职者也可以利用社交媒体网站增加寻找工作的机会。目前最热门的Facebook，除了可以交友和种菜外，求职者也可以用它来发表作品、经营人脉，提高自己的知名度。LinkedIn网站则是一个为商务人士设计的社交网站，通过推荐机制为企业与求职者提供相互认识的渠道，让用户一边交朋友，一边寻找工作机会。

编辑室报告

不要等机会，要创造机会

看过电影《当幸福来敲门》（*The Pursuit of Happyness*）的人，一定能够深深体会这个道理：不要等机会，要创造机会。

在剧中，主角克里斯·加德纳为了获得在华尔街证券公司实习的机会，借故跟人力资源主管搭乘同一辆出租车，并在途中拼完6面的魔方，给主管留下深刻印象，使其愿意为他引荐。获得实习机会之后，有一次有位掌管基金会的重要潜在客户愿意给他20分钟的时间，加德纳却因为要帮主管停车而错过了这次机会。不过他不放弃，周末到这位潜在客户的住处登门拜访，并获得一同去球场贵宾室看职业美式足球比赛的机会。虽然最后未能争取到这名潜在客户，不过他也借此广结人脉，扩大了顾客群，更因此获得了正式录用，摆脱了贫困生活。

积极为自己创造机会，这可算是最佳的诠释。其实早在魏晋南北朝时期，就有这样自我推荐的故事。

《文心雕龙》是学者刘勰苦思完成的文学理论巨著，为了让文坛名流了解这部著作，刘勰希望能有机会将著作送给当时声名卓著的学者沈约品鉴。然而当时沈约身居要职，刘勰几次求见，都不得其门而入。于是，刘勰亲手抄了一部《文心雕龙》，打扮成书贩，背着书稿整天在沈府门外盘桓，等候沈约乘车经过。一天，府门打开，沈约车队终于出现，刘勰趁机快步走到车前，吸引沈约注意，并献上自己的著作。“约取读，大重之，谓深得文理，常陈诸几案。”得到了沈约的赞誉之后，这部书才受到人们的重视。《文心雕龙》固然是由于其自身的价值而备受敬重，但也是因为刘勰主动为自己创造机会，争取到齐梁名家、具备相当地位的沈约的称许，才得以声名大振。

然而要想把握机会，根本还是在于自己的实力。

5分钟摘要

反其道而行

经济不景气的时候还是可以找到很棒的工作，不过传统的求职策略不行，必须反其道而行。

与其坐等报纸刊登你梦寐以求的职位，不如去找出你想服务的那家公司目前正面临哪些显而易见的问题及挑战。接下来的挑战就在于，要如何向你未来可能的老板证明，聘请你就可以成功解决那些问题。如果你能确实证明聘请你将会提升公司的生产力、效率或是收益，那么不论目前经济状况是好是坏，你都能得到理想的工作。

当然，这种方法不适合胆小的人。要成功运用这种方法，必须积极打造和管理自己的职业生涯，对自己职业生涯的发展负起全责，还必须学会用打动人心的方法诉求自己的价值，这样才有机会让方法奏效。此外你还必须愿意阅读、研究和努力，让自己的技能得以在专业领域中保持顶尖地位。

这一切的重点就是，当其他人还枯坐一旁等待经济形势好转的时候，你完全可以起身去争取自己真正想要的工作，一切操之在你。

关键思维

或许你正处于职业生涯的转换期（被裁员），或许你觉得自己的挑战性或薪水不够，又或者你觉得自己完全还有发挥的余地，不论是哪一种状况，有一套已被事实证明有效（有时是反向操作）的方法，可以让你获得更多的机会，并使你从所选择的职业中获得更大的回报。有了适当的知识和支持，你就可以使自己的职业生涯发展随心所欲，无论经济景气或是动荡。你无力阻止风暴，所以要学会在风雨中奋斗。当时局艰困，一切显得黯淡的时候，却正是你要比之前更加卖力的时候。你现在的努力，一定会被人看见。善用明智的职业生涯策略，你一定会受到关注。

——福特·梅尔斯

一　着重于自己的心态，而不是技能

要找到工作，正确的心态比优秀的技能更加重要。不论经济形势如何，企业还是要雇用新人。要获得企业青睐，就要能在它需要的时候，确实提供它所需要的才能，而这完全操之在你。

商业界有个无可否认的事实，那就是企业随时都在雇用优秀人才。这些企业目前或许没有刊登招聘广告，也没有找猎头公司，但只要那些积极进取的人能在一家企业需要人才的时候确实提供它所需要的才能，就有可能受到聘用。你的目标就是让自己处于这种“受雇的甜蜜点”上。

今天，要想找到工作，你必须：

◎ 积极主动，不能被动。这表示你必须积极管理自己的职业生涯，而不只是找工作。切记，如果你不管理自己的职业生涯，又有谁会替你管理？

◎ 愿意更努力，因为这正是能让你在萧条市场中脱颖而出的原因。

◎ 订立清楚且明确的目标，这样你才有机会争取到自己真正应得的待遇，而不会为了五斗米折腰。

◎ 在求职时更要精挑细选。这点貌似很奇怪，但在市场萧条时，积极进取的人对自己要走的路越清楚，就越能脱颖而出。

有 7 个和职业生涯成功有关的道理，不论时机好坏都成立，要记住：

（1）最有实力的应征者未必能找到工作——最好的工作通常会由比较懂得推销自己的人得到。从过去到现在，职场一向都不是纯粹的唯才是用，无法让最有实力的人才得到他最想要的工作。特别是在经济萧条时，雄厚的实力会有所帮助，却不保证一定能成功。

（2）经营职业生涯的最佳时机，就是在工作稳固时——不论你目前的职位是好是坏，都应该持续进行。打造职业生涯是一定要做的事情，无论形势如何。

(3) 提醒自己，毕业是职业生涯的开始，而不是结束——所以必须持续不断加强自己的知识、技能及能力储备。

(4) 新雇主初次提出条件，应该加以回绝——初步的条件绝不会是最有利的条件。你应该以此为起点，然后进行协商。要知道，如果没有做好协商的准备，就等于自动放弃更高的薪水。

(5) 对业界的研究要跟上趋势——注意业界其他公司以及专业人士的动态。这会使你在协商时自信满满。学习如何展现出自己的专业技能及专业知识具有重要的价值。

(6) 每周拨出一些时间经营人脉——这会是你职业生涯发展计划的核心。继续维系自己现有的人际关系，并随时发展新的关系。这是你在工作生涯中，每星期、每个月都必须做的事情。

（7）要认识到，如果你不积极管理自己的职业生涯，不会有其他人帮你做——所以不要把这件事交给现在公司的人力部门。你的职业生涯及未来掌握在自己手上，没有任何人可以帮你管理职业生涯。

凡在市场萧条时成功找到工作的求职者，都养成了下列几个重要的习惯，你也必须养成这些习惯：

◎ 持续经营人脉，随时与更多人进行一对一的联系。

◎ 向职业生涯教练、政府专门机构、大学校友会及非营利组织寻求协助。

◎ 阅读职业生涯相关书籍，参加就业培训。

◎ 善用网络科技，包括求职网站、社交网站及群发电子邮件系统。

◎ 通过发表文章、做幻灯片或授课，树立专家形象，让自己显得与众不同。

◎ 提高自己的学历并不断学习新事物，充分利用自己的时间。

◎ 要乐于担任义工、接受顾问合约或是短期职务，让自己留在职场。

◎ 提早到场，做好充足的准备，并快速而急切地行动，表现出自己的诚意。

◎ 保持健康，常做运动，注意饮食，注意着装。

◎ 持续更新和完善自己职业生涯档案中的各种文件（包括简历、成果记录、专业人士的推荐信等）。

◎ 找出哪些产业会先从萧条中复苏，并让自己成为这些利基市场中的解决方案提供者。

◎ 不断提高自己面试及协商的技巧。

◎ 强调自己所能提供的具体成果及可行解决方案，而不是自己的学历。

◎ 在工作转换的期间，要节俭并缩减支出。

◎ 保持乐观积极的心态——远离灰色的想

法，经常思考自己能为市场贡献什么以及这些贡献有多少价值等。

◎ 对于自己必须求职的事实，应该积极看待，并且要从长远的角度去想。有很多人发现，经济萧条正好可以让自己转换到更符合自己志趣的新职业生涯上。要相信，这也可能发生在你身上。

关键思维

对一个年轻人的职业生涯来说，第一要务就是要弄清楚自己适合并擅长什么，并且能乐在其中。

——查尔斯·施瓦布，嘉信理财创建人

要想在没有职缺时找到很棒的工作，只要拥有合适的工具，就容易多了。现在就建立起完整的求职工具组合，推销自己，让自己成为企业想不聘请都不行的杰出应征者。

——福特·梅尔斯

你所能犯下的最大错误，便是相信自己是在

替别人工作。现在已经没有工作保障这回事。主导职业生涯的力量必须源自个人。切记：工作是公司给的，而职业生涯则是你自己的。

——厄尔·南丁格尔

二　想清楚你的“完美工作”是什么

虽然你可能愿意从事一些短期工作来糊口，但还是必须想清楚自己想做什么样的长期工作以及自己的工作之路如何发展等。想清楚完美工作是什么，这样你才知道自己的方向，而不是让目标模糊不清。

如果目前没有工作，在找到自己想要的工作之前，你可能必须先做其他工作来糊口。这时可以选择的工作包括：

◎ 在零售、餐饮或工商服务业，从事兼职或弹性工时的工作。

◎ 注意当地的学校、大学或职业培训中心有没有兼职教职。

◎ 承接自己相关领域的咨询业务。有很多专门安排这类短期工作的外包公司可以提供协助。

◎ 和亲友谈谈，他们可能知道一些工作可以帮你渡过难关。

◎ 寻找在自己擅长的领域中，是否有在家工作的机会。

◎ 考虑为你认识的团体或个人做一些零工（家庭装修、修缮、园艺等）。

有了现金收入之后，你就能比较专心地思考自己的职业生涯该如何发展。这个过程就是要从自己希望得到的结果往前推，想清楚过程中要经过哪些环节。除非彻底了解了自己的完美工作必须包含哪些条件，否则你很难做出周全的决定。不要以为自己一定可以从某个热门领域转到下一个热门领域，这样只会让你一事无成。一定要详细阐述自己想要的结果，这样才能专注于达成目标所需要的条件。

开始详细描述自己的理想工作时，可以拿一张纸，写下你对下列问题的答案：

◎ 你在闲暇时喜欢做些什么？

◎ 每次到书店，哪些区域最吸引你？

◎ 你最好的朋友都在哪些行业工作？

◎ 你觉得哪一种工作环境令人振奋又有吸引力？

◎ 你的朋友认为你擅长做哪些事？

◎ 什么因素最能激励你？

◎ 你曾经因为做什么工作而得到赞美？

◎ 如果你有时间担任义工，会选择做什么？

上述问题的答案，应该可以让你稍稍了解自己的核心价值、兴趣，以及你喜爱的工作类型。为了让想法更聚焦，再拿另外一张白纸，写下你对下列问题的答案：

◎ 在年轻时，你觉得什么样的工作最有趣？

◎ 在年轻时，你曾经梦想过自己长大要做什么工作？

◎ 在没有任何条件限制下，你的理想职业是什么？

现在再拿出第3张白纸，写下自己理想中的工作状况。内容越详细越好，描述在理想状况下，你希望自己在工作时间做些什么事。具体说明你希望和什么样的人一起工作，你最喜欢待在什么样的环境，还有你会花时间做哪些事情等。提醒自己，想要让理想中的状况有机会真正实现，就必须先在纸上清楚写下自己理想中的工作状况是什么样子。

用第4张纸记录下面问题的答案：

◎ 你现在的工作有哪些优缺点？

◎ 你希望未来可以多做哪些事，少做哪些事？

◎ 你目前没有运用到的技能和能力有哪些？

◎ 当你达成目标时会出现哪些征兆？

上面这些练习，是要让你思考和厘清可能会不知不觉间影响你的模糊想法。接下来就要更务实一点，缩小选择范围。这包括3个步骤：

（1）寻找一再出现的主题——也就是在4张纸上都出现的事项。这可能会指明你未来理想工作所在的产业或利基。

(2) 列出你希望服务的公司——有些公司可以让你得到你所寻求的事物，所以让你渴望为它们服务，写下这些公司具有哪些特色。内容要具体。

(3) 现在写下你对于完美工作的描述——能多详细就多详细。写出：

◎ 你的职称。

◎ 你的工作内容概述。

◎ 上司和部属各是哪些人。

◎ 你必须具备的条件。

◎ 你必须取得的正式资格。

◎ 你将担负的角色和你的职责。

◎ 你希望的薪酬条件。

在撰写理想工作的描述时，你要大胆想象。切记，你是在设计自己一直以来都希望做的工作。你的脑海浮现出什么想法？做些研究，想清楚对你来说，完美的工作应该是什么样子。你必须为自己做到这件事，因为一个人觉得完美的工

（2）口头描述或是一分钟演讲——基本上就是30秒的定位陈述，用来自我介绍。把内容写下来并加以润色，然后练习如何表达，这样才会对内容熟练，随时可以脱口而出。另外还要事先想好离开前一份工作的理由，因为任何讨论都可能会涉及这个话题。

（3）工作经历——模仿记者报道的方式，以一页的篇幅叙述自己的职业生涯。暂时将谦虚放到一边，用赞美的笔法叙述自己的成就。在不说谎的前提下，让自己过去的表现引人注目。

你也可以在内容中加进项目清单，列出自己曾达成的具体成果。这会是你最常用到的工具，功能其实就等于你的名片，因此要好好写。工作经历必须能够显示出你的人格特质和声誉，并要及时更新。

（4）目标公司名单——也就是你的理想清单，上面列出你向往进入的公司。给每一家公司各建立一个资料夹，然后尽可能把搜集到的信息放到资料夹中。研究那些你希望进入的公司，然后想想看，自己的人脉网中是否有人和那些公司有关系。精挑细选，然后努力想办法创造出绝佳的就业机会。

（5）工作人脉清单——所有你在工作上或私底下认识的人。记录每一个人的姓名、电话号码和电子邮件地址，这样在有需要的时候才能随时跟他们联络。现在，大约有80％的职位是通过相互介绍找到人的，你会很惊讶地发现，那些你认为不会帮得上忙的人，常常能帮你迈向新的工作机会，所以不要漏掉任何一个人。

（6）相关人士的推荐——也就是在别人问起的时候会称赞你的同事。和这些人联络，请他们担任你的推荐人，然后提供给他们一份清单，如果你可能的雇主询问他们，他们就可以照上面所列的事项回答。此外，如果有任何可能的雇主打电话给他们，请他们立刻告诉你。另外也可以事先把你的求职信、工作经历、简历和目标公司名单寄给推荐人，这样他们才会清楚地了解在有人询问的时候，你希望他们提及你的哪几项特点或经历。

(7) 推荐信——由你最敬重的4～5位工作伙伴所撰写。推荐信最好能用他们公司的信纸来写，并且具体详细地说明你如何和他们共同努力，为公司营利。当然，写推荐信的人选应该要欣赏并尊重你的工作表现，而且乐于帮助你在职业生涯发展上更进一步。推荐信要简短（不要超过一页），并且要用撰写者自己的话，提供以下几项信息和内容：

◎ 你曾经和他们一起进行的项目。

◎ 这些项目所达成的具体成果。

◎ 和你合作的状况。

◎ 你的个人特质和工作态度。

◎ 你过去做出的种种贡献。

◎ 身为专业人士对你的看法。

(8) 经营人脉的话术——可以依照这些话术

来展开社交对话。事先拟好内含重要话题的话术，和其他人展开谈话时就会更有信心。这主要就是事先决定你想要谈论哪些话题以及你在每一个话题上应该要谈些什么。

（9）有效的追踪系统——也就是你各种求职活动的详细记录。持续追踪电话内容、面试记录、通信内容以及所采取的跟进行动，这样就能评估每一周的进展。如果光凭记忆来追踪，一切都会混在一起。一切按部就班，你才能有效掌握情况，并且在过程中做出适当的调整，而不是听天由命。

（10）简历——必须能让你感到非常骄傲。理想状况下，这是在你的求职工具箱中最少用到的一项工具。最好在对方看过你的推荐信，了解你创造获利的价值，也和那些有助于证明你真本事的专业人士谈过话之后，才提供简历给对方。最好是由你人脉网中的人为你介绍工作，这样你才能把目标放在需要你技能及能力的公司上。这样一来，你的简历就会锦上添花，而不是你主力的“推销文件”。

你会很自然地想要将这 10 项要素都整合到自己的求职方式当中。但只有准备好这些素材，而且在需要时可以随时取用，才有办法做到这一点。要准备好这些素材并学会有效加以运用，必须要花时间和努力，所以要赶紧开始准备。要一直持续打造自己的工具箱。

四　将自己定位为解决方案的提供者

当没有企业开出职缺时，得到工作最好的方式，不是去找工作，而是要让自己成为解决方案的提供者。去接触你熟悉的公司，对它提出“服务提案”，概述你可以为他们做些什么或达成哪些成果。这种软性诉求非常有效。

服务提案就是一份1～2页的文件，其中详述了：

◎ 你的资历和过去的成就。

◎ 目标公司所面临的挑战和问题。

◎ 你可以提供的建议解决方案。

◎ 采用上述方案所能创造出的各种成果。

你此时的目标是要不着痕迹地创造出面试机会。这是真正的软性诉求，即不要求对方安排后续的会面时间，也不多做其他动作。你的目标是要在招聘人员的心中留下印象，如果对方欣赏你提出的建议，就由他们主动和你联系并且进一步交流。这会让你处于优势，而不是像一般的状况一样，由你去应征他们刊登的职位。

即使在公司不需要多余的人手时，有一个事实依然存在，那就是，只要你能够证明，有了你的帮助，不论你是担任员工还是短期助手，都会为公司带来利益，那么该公司还是会专门为你提供职位。

扎实的服务提案不会凭空出现。要能够了解可能的雇主所面临的特定挑战和问题，必须先广结人脉。广结人脉还有助于接触到你目标公司的决策者。只要经营得当，人脉就会成为你求职的核心架构，也会成为你一切行动的核心焦点。

在经营人脉时适合运用的做法有：

(1) 要记住，经营人脉不光是要会说——还要倾听其他人的意见，要努力比平常更用心倾听。

（2）经营人脉时一定要有主题——也就是你想要达成的目标。重点是要让你的求职有所进展，而不只是在浪费时间。

（3）要设法将人力主管纳入人脉中——因为你认识多少位人力主管，和你能多快找到新工作之间，存在明显的关系。要认识人力主管，可能要经过两个步骤。你可能要先认识能够为你引荐的有力人士，接下来就要靠自己去建立你所希望的密切互动。

（4）努力拟定可用的人脉话术——基本上就是指那些深思熟虑过的用语，用来：

◎ 描述你的资历和工作经验。

◎ 描述你离开前一家公司的原因。

◎ 直接请对方帮你取得新工作。

◎ 提出有助于缓解压力的轻松话题。

◎ 做总结和保持联络。

着手去经营人脉听起来不错，但光这样是不够的。追踪并维系所建立的人脉是非常重要的。

光是在社交场合和他人交谈，然后从此没有任何联系，那样不会有任何结果。

要维系人脉，就要规划并安排时间去做。除非你安排出时间，否则是不可能做到的。要维系自己的人脉，可以采用几种方法，包括：

◎ 一星期之中要设法拿出2～3个时段来维持人脉——利用这些时间来打电话、发送电子邮件或是和自己人脉网中的成员会面。详细记录你在每个时段中做了哪些事，然后努力逐周改进自己的表现。

◎ 给每一位成员建立一份记录——在其中详细记录你所采取的各种维系方式。另外记下你承诺要做的事，然后贯彻执行。

◎ 试着寄送“迷你快报”给人脉网中的成员——内容包括成员可能会想要获得的各种有用信息和构想。每隔2～4周寄出一次能反映你个人特色的内容，如此能让你和大家保持联系，并时时想起你。

回顾之前的练习——你列出了自己在职业生涯某个阶段最想进的理想公司。将这份名单记在心里，然后设法在自己的人脉网中纳入和这些公司有关系的人。经营这类人脉的法宝，就是直接去联系这些公司的人力主管，并将他们纳入你的人脉网。这个方法不一定可行，但是如果你不尝试，就永远无法知道结果。要尽一切所能去建立充满理想成员的人脉网。

在经营人脉时，必须时时更新自己的工作经历，并保证其随时都可以调用。将工作经历打印成纸质版是一种方法，不过在网络上发布求职资料并妥善维护也会带给你潜在的优势。有很多专业的求职网站可以运用，例如“虚拟简历网”（www.visualcv.com）就是其中一个不错的资源，它可以让你用自己的简历和各种学历证明，免费建立极具专业水准的网页。

如果善于运用科技，你也可以建立个人的职业网站。它非常适合用来存放各种求职资料。要建立适当的网站，可以聘请专业的网站设计人员或请在这方面有经验的朋友帮忙，等等。

要记住，除了建立网站，你也可以开设自己的博客。这其实就是网络日志，你可以用博客来建立自己的专业地位，分享想法，发布你的简历及工作经历。www.wordpress.com、www.blogger.com 和 www.typepad.com 等网站都可以取得免费又简单的博客工具。

学习如何建立及维护自己的网站，可能是对你非常有利的因素。如果你能综合运用这些资源，潜在的雇主就会认为你非常擅长运用科技。不妨考虑采取下列方法：

◎ 运用社交网站——例如 www.facebook.com 或是 www.linkedin.com 等网站，都可以让你免费建立个人网页。

◎ 以你名字为名的域名——用自己的名字注册域名，例如 www.xxx.com。要拥有域名，每年约需 10 美元费用，但接下来你所做的每一件事，都可以在 Google（谷歌）上用你的名字搜索到。

◎ 建立网络上的个人资料库——包括你的简历、工作资历、重要的专业成就、过去发表的文章或是曾获奖项的链接、个案研究、推荐人等。

◎ 尝试撰写文章来建立自己在业界的顶尖地位——在博客上发表文章或是提供自己专业领域中极具价值的信息。

◎ 追踪自己的姓名——你可以设定 Google 快讯，每次只要有人在网络上提到你的名字，就会通知你。

◎ 要注意，网络上的照片可能在未来对你造成困扰——所以在网络上发布资料时，必须非常谨慎。某些人一些不得体的照片，会在其职业生涯发展到寻求高级职务的关键时刻出现，这种案例很多。应该抱持的心态是，放到网络上的东西永远都会存在，所以你最好小心谨慎。

要把你在网络上的资料看作是一种社会资本，并采取合理的做法，让你的网络资产茁壮成长。

不论你有没有建立起自己的网络身份，你还是要有绝佳的简历。简历之所以重要，是因为它会迫使你去思考如何塑造强有力的第一印象。好的简历能让你得到面试的机会，而撰写简历则有助于你厘清思绪。

制作简历有3种不同的格式：

（1）依时间先后排列——也就是用时间表来呈现自己求学及工作的经历。如果你仍旧要待在原来的领域，这种方式还不错，但如果你的相关经历有限，那就不太适合。

（2）依工作性质分——也就是把自己的成就分别归到不同的工作领域。如果你正处于重要的职业生涯转换期，这是不错的方式，但是未来的雇主可能会怀疑你想要掩饰过去经历的不足。

（3）综合两者——也就是一部分依时间先

后，一部分依工作性质。你可以强调自己最大的成就，接着再依照时间顺序说明自己的工作转换状况。这种简历格式唯一的缺点就是有可能会让看简历的人觉得混乱。

幸好，你不必在一开始的时候就决定要使用哪一种格式，反而应该先专心准备简历的各项构成要素，然后再循序渐进地修改、结合及搭配运用。

你的简历就是推销工具，因此必须高标准严要求。它还有一种潜在的作用，那就是制作绝佳简历的过程，有助于你加强思考。撰写简历会让你静下来思考该如何有效地推销自己。这种规划和准备可能是无价的。努力准备简历的各项构成要素，这可以让你练习将脑海中的模糊概念转换成文字。具体阐述你的想法，可以让你在时机来临时有更充分的准备来推销自己。另外还可以事先想清楚要如何用有说服力的方式描述自己的成就、资格、专业程度以及可能的贡献。这种种的规划过程，都是在为未来做准备。

简历的构成要素应当包括：

◎ 你的联络资料——全名、住址（包括电子邮件地址）、电话号码等。

◎ 简短的摘要——自我介绍、成长背景，以及你可以展现给未来雇主的技能和专业能力。这部分最多只需要5～6行，要有重点且具体。

◎ 工作经历——过去的工作、角色、职责及成就。用事实及数据加以佐证，先列出最引人注目的事实，并用粗体字表现。要诚实，但也要推销自己。

◎ 教育背景——就读学校、学历以及其他曾经参加的培训课程。

◎ 专业进修活动——特别是你主动进行或是和之前雇主合作的活动。

◎ 社团成员资格——所参与的商业团体、专业协会或是产业相关组织。

◎ 成就——在过去的工作中曾经取得的

成就。

◎ 曾获得的种种荣誉、奖项或是证明——这些可能会非常重要。

◎ 任何曾经报道过你的报纸杂志。

但同时也要切记：

◎ 不要纳入目标——看到简历的人自然会知道，你是在寻求让自己在所处领域中更上一层楼的机会。话讲太直接对你没有好处。反正你的目标在求职信中已经说得很清楚了。

◎ 不要废话连篇，要简单明了。

◎ 不要夸大自己的成就——而是要坦诚直言自己过去的表现。夸大其词迟早会困扰你，所以不要这么做。

◎ 不要用令人乏味的语言，要运用强有力的行动导向语句。切记，你的简历是一种推销工具，你要朝这个方向去运用它。

研究显示，在美国只有 1/10 的职缺会登广告征人，而这些职缺当中又只有约 1/10 可以算是好工作。这表示，如果你的求职活动只限于应征那些刊登在报纸上的征才广告，或是等待网络上求职网站中的征人启示，就等于只是在追逐1%的职缺。要得到想要的工作，你必须再积极主动一些，不要坐等企业释放工作机会。

切记，企业随时都会聘请能提供解决方案的人，你必须定期寄信给那些在你理想雇主名单中的企业。做这件事有对的方法也有错的方法：

◎ 不要寄出类似以下内容的信："我希望能争取贵公司的某项工作，请参考随信所附的简历。"成功企业随时都会收到这类信件，而且完全不去理会。

◎ 你应该寄出包装成求职信的营销方案。更理想的做法是，去认识在你目标公司服务的人，了解他们目前正在设法解决的问题，这样你就可以在求职信中介绍自己是该问题可能的解决方案提供者。接着你可以请对方安排一次简短的会面机会，让你能当场详细说明所提出的解决方案。

之后你可以寄一封求职信说明：

◎ 为什么要写信给他们——是基于彼此共同的朋友或是和他们目前员工间的关系。

◎ 你可以为他们做什么——说明如何解决一直影响重大的问题。将自己的志趣和你对他们需求的了解相结合，想出真正可以制胜的方法。

◎ 提议后续联系——通常是要请对方安排会面的时间，或者也可以表示自己会在某个时间点打电话再联系。

如果你是从自己的人脉网中所获得的了解来写求职信，你就可以在自己具备的能力和目标公司的需求之间，找到完美的契合点。

面试的第一原则就是别让自己处于不得不说出负面回答的境地。你准备的重点应该是如何用正面的词语来回答可能会被问到的问题。

试着拟出一些问题，以便在面试过程中获得对方允许时提出：

◎ 这份工作的职责有哪些？

◎ 如果获得录取，公司会如何衡量我的表现？

◎ 这份工作最具挑战性的方面在哪里？

◎ 公司如何奖励忠诚和努力？

◎ 这个甄选过程的下一步骤是什么？

另外，在你预期中，面试人员为了让你说出负面回答，可能会提出哪些陷阱问题？针对这些问题，也要先写下答案。思考自己该如何回答下列问题：

◎ 你有哪些弱点？

◎ 如果你被录取，会做哪些改变？

◎ 你目前是否有考虑其他的工作机会？

◎ 你最不喜欢前一份工作的哪些地方？

◎ 你如何处理公关灾难？

◎ 到目前为止让你职业生涯发展受阻的因素有哪些？

你在为求职面试做准备时，就要准备得这么

仔细。你对面试人员提出的问题非常重要，因为这会展现出你的专业程度和兴趣。同样，你也必须做充分的练习和准备才能应付面试人员可能会抛出的敏感问题。

从很多方面来说，为求职面试做准备，有一点像是政治人物在为记者招待会或是电视辩论会做准备。政治候选人做准备的方式，通常是要他的顾问提出尖锐的问题，候选人对问题予以回应。如果你能事先预料到可能会被问到的尖锐问题，然后练习用正面的方式回应，那么在真正面对求职面试时，对于该如何处理你就会信心大增。

即使面试顺利得不得了，你还是不太可能在初次面试时就获得对方提供的工作机会，要有耐心。初次面试的目标是要促使对方邀请你进行第二次面试。在面试要结束时，应该询问后续还有哪些步骤。

要追踪自己面试的结果，可以：

◎ 尽快寄出感谢信。

◎ 在感谢信中加进别人帮你写的具有说服力的推荐信，强化你想要留下的印象。

◎ 善用你在该公司内部的人脉关系，让他们替你美言。

如果该公司真的通知说没有意愿进行下一步，那么就心平气和地接受。寄给对方礼貌、专业的跟进信函，感谢对方花时间给你面试的机会，并且请他们在未来有职缺时再给你机会。

如果你有幸获得工作机会，要记住你最终的目标并非只是要被录用而已，而是要努力掌控自己的职业生涯，找到热爱的工作，并赚取应得的薪水。所以，对方初次开出的聘请条件，只是在邀请你展开协商。

实际上来说，和新工作有关的任何条件都是可以谈的。所有可能雇主对你提出的初步条件，都是对方在不至于太过分的前提下所能提出的最低条件，你应以此为基础进行协商。所以，要把这看成是进一步协商的起点，而不是对方不接受就放弃。所有和这份工作有关的事项都可以协商，包括：

◎ 你的基本薪资。

◎ 职位及所负的责任。

◎ 休假天数及办公位置。

◎ 可以提供的搬迁协助。

◎ 签约奖金和绩效奖金。

◎ 佣金比例。

◎ 支付会员费等间接的福利。

◎ 必须签署的保密协议等。

◎ 医保方案及退休方案等。

◎ 培训及升迁机会。

◎ 交通补贴。

◎ 绩效考核的频率。

◎ 是顾问还是员工。

◎ 购房补助。

◎ 其他任何想得到的条件。

关键思维

只要你具备企业所需的才能，其实每一家公司随时都在征人。这对你来说意味着什么？这表示你应该停止寻找职位，改成去寻找需求、问题和挑战！只要让人觉得你是一个能够提供解决方案的人，可以替公司解决耗费时间、花费金钱、深感痛苦和烦恼的问题，那么该公司常常都会在团队中空出一个位置给你。如果真是这样的话，对方不聘请你绝对划不来。所以一定要正面思考，不要像有些人那样轻易放弃。

面试要有优异表现，关键就是准备、准备、再准备。

——福特·梅尔斯

五　努力让职业生涯无懈可击

要记住，得到自己梦寐以求的工作不是结束，只是一个新的开始。接下来就要把握机会努力表现。你大可用有意义的方式来庆祝自己的成就，但之后就应该回到发展职业生涯的基础上，也就是磨练和培养自己个人及专业上的优点。投入所有的时间和精力去管理自己的职业生涯，而不是只尽到自己的本分，这样你就会有不错的发展。

找到新工作代表你职业生涯又向前迈进一步，在找到新工作、顺利签约盖章并获得所谈的条件之后，别忘了庆祝一下。好好放松一下，并写感谢信给自己人脉网中的成员和所有推荐你的人士。

当新工作带来的新鲜感逐渐退去之后，也就

是该回过头来好好管理自己的职业生涯，让它再次向前迈进的时候。你必须持续加强自己的优势，进入永不休止的职业生涯管理模式。实际上来说，这表示即使你的新工作仍然让人感到新鲜而有趣，还是应该持续做下列10件事：

（1）持续更新自己的猎职工具箱——在一个档案夹中，放入最新的简历、推荐信及成就介绍，供随时取用。在当前的经济环境中，意料之外的工作转换可能突然发生。

（2）每周抽出一些时间来经营人脉——包括维系现有的关系和建立新的关系。持续在人脉网中增加新成员。

（3）加入适当的协会或商会组织——并看看是否有机会担任领导者的角色。这种方式能大大提升你的知名度，并快速建立你的声誉。

（4）设法为产业刊物撰写文章或公开发表简短演说——因为这些活动同样能提升你的声誉。这样的曝光机会也能确切证明你的专业知识。

（5）持续不断地接受在职教育——寻找能够增加你所在领域相关资格证书的培训机会。要非常确定你能够跟上自己领域中最新的发展，让你的知识和商业技能精益求精。

（6）研究竞争对手——成为公司中最了解业界其他公司和专业人士动态的专家。对竞争对手要了解透彻。

（7）提议帮助人脉网中的成员发展职业生涯——也就是要回报他人。即便其他人目前无法给你任何帮助，也要这么做。投入时间及努力以帮助其他人成功。

（8）持续寻找新的职缺和职业生涯发展机会——这些机会随时都会出现。即便你目前没有在积极猎职，也要随时掌握市场动态。

（9）问自己："如何才能为雇主做出更多贡献？"——然后开始着手做。找到新方法，不断运用具体的方式，向你的老板证明自己的价值。

（10）持续不断训练面试及协商技巧——不

要等到面临职业生涯危机时才做。今日的经营环境非常多变，稳固的工作可能在转瞬之间消失不见。要期待最好的结果，但是也要做最坏的打算。

上述种种可以总结成一条建议，那就是应该吸取过去的教训，然后努力打造光明的未来。试着用参加新工作的前 90 天让自己投身于团队的文化并建立起重要的人际关系。你应该抱持的心态是，把尽到自己工作的本分视为最基本的要求。而如果你希望在未来能持续获得升迁，就得靠自己的努力超越基本要求。

如果可以做到下列几件事，你的职业生涯将会十分成功：

◎ 建立起能够缔造卓越成果的声誉——以及说到做到的名声。建立一份记录自己成就的成功档案，搜集客户和其他部门给你的肯定。随时掌握企业所面对的各种核心问题，成为众人眼中的问题解决者。努力缔造优秀成果。

◎ 充分沟通——让主管和团队了解你的工作进展。拟定明确的项目目标，并在时限和预算内达成。要让大家都能获悉最新进展。

◎ 调整你的工作目标——每隔一段时间（每 90 天左右比较适当）就要和你的主管坐下来讨论，拟出职业生涯发展计划。这其中应该纳入你个人以及任职公司的各项长短期目标。要确实了解主管工作的先后顺序，并努力配合。

◎ 在生活和工作之间保持良好且健康的平衡——在工作时努力工作，然后在居家、休闲和娱乐的时候就好好充电。如果能保持健康的平衡，就可以持续朝自己想达成的目标迈进。

◎ 时时提醒自己，你确实能够掌握自己的就业状况——即便是在媒体对就业市场一致不看好时也一样。提醒自己，每天都有像自己一样的人得到绝佳的新工作，有必要的话你也可以效仿他们。

关键思维

掌握自己的职业生涯，找到自己热爱的工作，然后赚取自己应得的薪水。我祝福你能够在人生旅程中得到最大的成功。

——福特·梅尔斯

无可取代的就业力

Indispensable by Monday

Learn the Profit-Producing Behaviors that
will Help Your Company and Yourself

原著作者简介

赖瑞·麦尔（Larry Myler），毕业于杨百翰大学及犹他大学，是商务策划师及顾问，协助客户打造事业已有30余年经验，曾任组织发展培训公司“活力睿智培训中心”（Vital Smarts）总裁，现为More or Less管理顾问公司创办人兼CEO，客户遍及新创公司及《财富》世界500强企业。

本文编译：黄玩

主要内容

主题看板	无可取代的员工 / 63 个人损益表 / 65
编辑室报告	创造价值，还要证明价值 / 67
5分钟摘要	如何替公司赚钱 / 70
轻松读大师	一　学习如何帮助公司以帮助自己 / 72 二　变出金钱 / 78 三　让一切动起来——就从下星期一开始 / 106

主题看板

无可取代的员工

传统的工作态度已不适用于现在的商业社会，光有忠诚、认真这些特质还不够，只知道遵从老板指示，只做分内工作的员工，会逐渐失去竞争力。老板心目中理想的员工，不但要能完成老板交付的工作，还要能运用自己的判断力，为公司的利益尽最大努力。

虽然老板与员工只是一种雇佣关系，原则上员工只需负责合同中明确说明的工作，但老板对员工的最高期望，就是员工能为公司的利益尽自己的努力。除了善尽自己的职责之外，还要积极站在老板的角度考虑问题；不仅解决老板想到的问题，而且还主动帮老板思考他还没想到的问题，并在想到新的问题后积极主动地想好答案或解决方案。

这看似只能为公司或老板带来好处，但从长远来看，将显示自己是个能主动承担更多责任的人，你对公司的重要性也会随之与日俱增。米莉是服饰商埃斯普利特（Esprit）的一名员工，她向公司主动提出，从海外货物储备到预付款的运输项目，所有的服务和营销都应该运用后勤支持原理。通过落实这个想法，她担负的责任虽然增加，但也使得自己在老板心目中的地位更加重要，后来她成为旧金山分公司的运输主管。

要想成为无可取代的员工，无论什么时候，你都要想办法提升自己的个人价值，任何有助于改善流程、创造收入或减少支出的计划，都要视为自己的责任。无论担任什么职位，只要主动寻找机会，努力发现那些需要做的事情，每位员工都有发挥影响力的机会。

个人损益表

无可否认，员工终究是公司资产的一部分。对老板来说，会赚钱、能够带来利润的员工才是公司需要的正资产，而成为对公司有帮助的正资产，才是避免被裁，甚至是争取晋升机会的最佳方法。

如何评估一名员工的价值呢？从会计学的角度来看，要评估一家企业经营的好坏，得运用会计科目上的各种报表来交叉分析，看出这家企业的走向和运营状况。人其实也跟企业一样，因为每个人本身就如同一家小型企业，也有赢利和亏损的情况。要看一个人对公司有多少价值，就要从他个人的损益表来分析他能为公司带来多少利润。这种做法就如同把一个人当成企业来经营，当个人价值提升，自然也能带动公司整体的成长，也就会受到主管的重视。

要如何建立自己的个人损益表呢？首先应该列出自己创造的收入。收入的项目有很多种，例如产品或服务的销售、协助达成的交易、按服务时间收取的服务费等。再把自己造成的成本，也就是公司雇用自己所花费的钱，包括薪资、奖金、福利、办公室的设备，还有公司可能因员工犯错必须付出的额外费用等列出来。最后把这些收入总额减掉付出的成本，所得的净利就是员工能为公司创造的利润，而这份资料就是员工的个人损益表。即便不是担任业务代表这种直接创造营收的工作，每位员工也可以在各个方面为公司节省支出，或者让公司的作业流程更为顺畅。这些价值看似无形，但只要清楚地向老板说明这些做法能够带来的利益，也一样可以列入个人损益表中所创造的收入，同样能提升个人价值。对老板来说，只有创造的价值大于人事费用的员工，才是有价值的员工。

编辑室报告

创造价值，还要证明价值

常有人说：“只要努力就会被看见”。但是在这讲究结果的时代，默默耕耘已不足以让人保住饭碗，必须更积极地用实际证据来展现出你的存在对组织或公司所具有的不可或缺的实质意义。

西班牙足球劲旅皇家马德里队前总教练伯恩德·舒斯特尔在一次面对劲敌瓦伦西亚队的大赛前夕，在记者招待会上说：“在皇家马德里，每个周末你都要证明你的价值。”

皇马队是世界知名的豪门球队，根据《福布斯》网站（forbes.com）调查，该队和我们熟知的美国职棒扬基队同登全球最具价值的10大职业球队之列。皇马队中球星如云，各个身价非凡。但是在职业运动中，今天的身价不但反映了昨日的战功，还反映了对未来可能贡献的期待，一旦无法以实力证明身价，那么合约未到期就被淘汰也是时有耳闻。

再举个大家比较熟悉的例子：王建民。尽管他曾经是纽约扬基队连续两季最佳投手，尽管他的身价和成绩相较之下绝对“物超所值”，但是因为受伤，“可能”无法继续贡献力量，结果还是未获扬基队续约。在王建民与其他球队谈合约的过程中，我们认识到，职业球队对于一位选手的价值，是以许多量化的资料与数据来评价的，除了表面上的胜负成绩外，还包括投球局数，甚至是可能带来的收视率与广告收益等。

原著作者提出的要以“个人损益表”等实际证据来印证自己对公司的直接贡献，也是同样的道理。当然，建立证据的前提是要有实际成绩，而作者认为，对于公司来说，能创造获利才是成绩，所以每一位工作者都必须要让自己带给公司的收入大于公司在其身上花费的支出。

不论是要争取晋升机会，还是想在经济形势不好的情况下保住工作，如果有证据来进行自我推销，证明自己的价值，就会是一大优势。

5分钟摘要

如何替公司赚钱

如果能日复一日、年复一年，持续且系统地让你创造的收入大于你造成的成本，你在工作上就会变得无可取代。证明自己有这种表现，并学习如何加以量化，再详细说明你对雇用你的公司做出了多少直接的贡献，那么你的就业力就会大大强化。事实上，即使身边充满各种裁员的状况，你还是能够变得无可取代。

那么，要如何替公司赚钱？方法有很多种：

◎ 如果担任像业务代表这种和营收直接相关的职务，你可以为公司谈到获利更丰厚的交易。这显然是一种让自己无可取代的方法。

◎ 如果你能够持续不断地提出有效的成本削减构想，也可以变得无可取代。

◎ 如果你能想出新颖的构想来为公司创造

新的收入来源，也有同样的效果。

◎ 如果你可以提出可行方案，精简内部作业流程以节省公司的时间和金钱，这也是一种让你无可取代的方法。

总之，如果能为公司创造出乎意料的获利，并证明你能够持续变出金钱，那么你不仅会变得无可取代，还有可能获得升迁。关键在于要记录下自己的成果，这样才能证明自己的价值。

关键思维

所有关于如何找到工作、保住工作或是获得升迁的建议，绝大多数都是“皮毛”而已。你真正该做的，却是帮助公司做到收入大于支出、支出小于收入，就这么简单。不论时机好坏，为公司创造获利一定是对你最有效的方法。

——赖瑞·麦尔

一　学习如何帮助公司以帮助自己

每一家公司的收入都必须大于支出，才能持续经营，这个道理同样适用于个人。要成为无可取代的员工，你必须证明自己创造的收入大于聘请你这个员工的成本。建立个人损益表，以量化方式呈现你为公司带来的收入以及公司为你付出的成本。具体证明你对公司的营收有直接贡献，接着在未来努力创造出更多价值，那么你永远都不会失业。把你所有的新构想写成书面的方案，这样你就有文字记录可以切实显示你提出的各种构想以及构想的实施成果。

道理很简单，只要你创造的收入大于你所造成的成本，你在工作上就无可取代。要想证明你确实如此，你必须向老板提出你的个人损益表。

如果你担任业务代表或是其他创造营收的职

务，那么你的损益表可以用以下方式简单制作出来：

个人损益表——直接创造营收者

◎ 收入——我所创造的………… $ ________

分成各个项目创造的营业收入，如产品或服务的销售、协助达成的交易、按服务时间收取的服务费等。

◎ 成本——我所造成的………… $ ________

分成薪资、佣金、奖金、福利、津贴、办公室成本、你造成的错误等。

◎ 预估净利（或净损）………… $ ________

的确，对公司而言，有些交易获利颇丰，而有些则没赚到太多钱，不过如果你担任业务工作，制作你的个人损益表应该相当简单。如果在一开始的时候没有确切的数字也没关系，这时候可以先用预估数字，之后再进行修正并补充遗漏之处。

如果你担任的不是业务代表等直接向顾客收费的工作，还是可以制作个人损益表。你为公司创造价值的方法是提出削减成本的构想、提供业务团队必要的支持，或者让公司的重要作业流程更为顺畅，等等。你的损益表大概会像这个样子：

个人损益表——非业务职位

◎ 收入——我所创造的………. $ ________

分为节省成本方案、从现有顾客产生的收入、从退费及折扣获得的收入、流程改善的成果、提升的现金流以及品质提升等项目。

◎ 成本——我所造成的………. $ ________

分成薪资、奖金、福利、津贴、办公室成本、你造成的错误等。

预估净利（或净损）………. $ ____________

要增强你的无可取代性，你必须经常为公司发掘出乎意料的金钱。公司对此会非常满意，因为这种营收会让获利直接增加。如果你能找出潜藏的金钱，对公司而言等于获得一笔意外之财。养成这么做的习惯，你老板会很器重你。

除了了解个人损益表该怎么做之外，还必须记录你的无可取代性。要做到这点，首先要在简历上记录个人的成就，简历要随时更新，以备在有升迁机会时能直接使用。想象一下你的简历如果加进以下这些项目，看来会是如何：

◎ 改善公司的运送流程，省下 25000 美元，以目前的获利率而言，相当于多创造 1785715 美元的年营业额。

◎ 重新设计公司的订单处理系统，移除不必要的步骤。这对年度获利有 100000 美元的贡献，相当于替公司创造了 1428571 美元的年营业额。

要尽力加大将自己构想付诸实施的可能性，并记录下你的成果。以专业而完整的方式记录你的构想会很有帮助。有个不错的记录方法，就是运用下列范例：

获利方案

钢铁供应商的整合

鲍勃·琼斯2010年2月10日向ABC公司提出

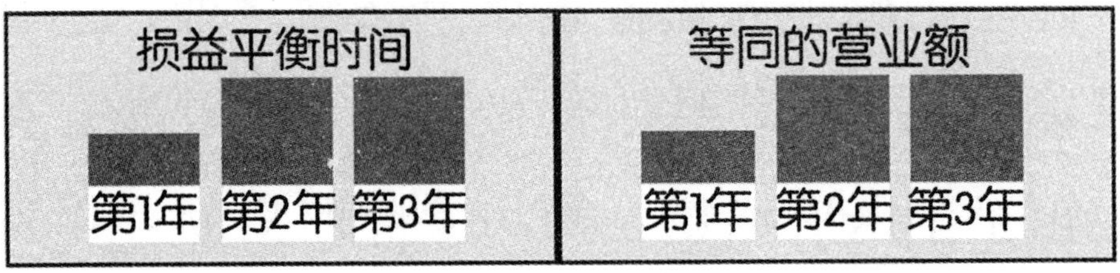

年度节省的金额	实施的成本	节省的总金额
52500美元	24000美元	238500美元
等同的营业额	**损益平衡的时间点**	**净现值**
3407143美元	0.46年	185900美元
投资报酬率	**内部报酬率**	
994%	218%	

◎ 目前状况：我们现在向 4 家供应商购买钢铁，如果我们只向 2 家购买，就能够获得更优惠的大量采购折扣。

◎ 改善建议：建议和 2 家供应商谈成最有利的条件。

◎ 方案效益：根据分析，我认为我们能够向供应商要求 3％的折扣，如果谈成了，我们可以节省 52500 美元。

◎ 实施障碍：要谈折扣需要付出时间及努力，同时必须处理现有的长期供应合约和已有的订单。

二 变出金钱

至少有 14 种方法可以用来增加你公司的货币值，如果你够聪明，就能运用这些构想为公司变出钱来。如果你能坚持做到这一点，公司就无法开除你。

1. 想出可行的削减成本方案

你可能以为公司已经积极削减成本，不过如果你逐项彻底审视公司的损益表，或许可以想出一些方法，让公司以更低成本取得所需之物。

◎ 审视公司每个月的水电燃气费支出，研究是否能够通过不同做法降低这类成本。

◎ 确认保险投保方式是正确的，再也找不到更便宜的保险了。

◎ 探究是否有更便宜的清洁用品可以取代现有用品。

◎ 审视公司在维护费用上的处理状况，寻求可能的降低方法。

◎ 设法延长办公设备的使用年限。

◎ 研究是否有方法可以加速产品的配送或是延迟原材料的采购。

◎ 追踪能创造最多业绩的广告，把没用的广告砍掉。

◎ 邀请供应商共同刊登广告。

◎ 将更多业务人员的薪资从固定成本转换成按实际业绩支付佣金的方式。

◎ 将加薪与绩效联系起来。

上述种种成本削减方法的好处在于，其成效可以积少成多。年复一年节省下来的小钱会累积成大钱，而许多地方一起省下的钱，更可以累积成大钱。节省下来的金钱，有时就等同于销售额的大幅增长。

2. 从顾客身上赚到更多钱

你或许以为业务部门已经研究过每一种可以

增加营业额的方法，不过这种想法可能并不正确。既然你密切关注现状，并且能和顾客直接接触，那么你就有可能想出一些被大家忽略的新构想。

大体而言，大多数公司会将大部分的努力集中在下列 4 个象限的其中之一来创造业绩：

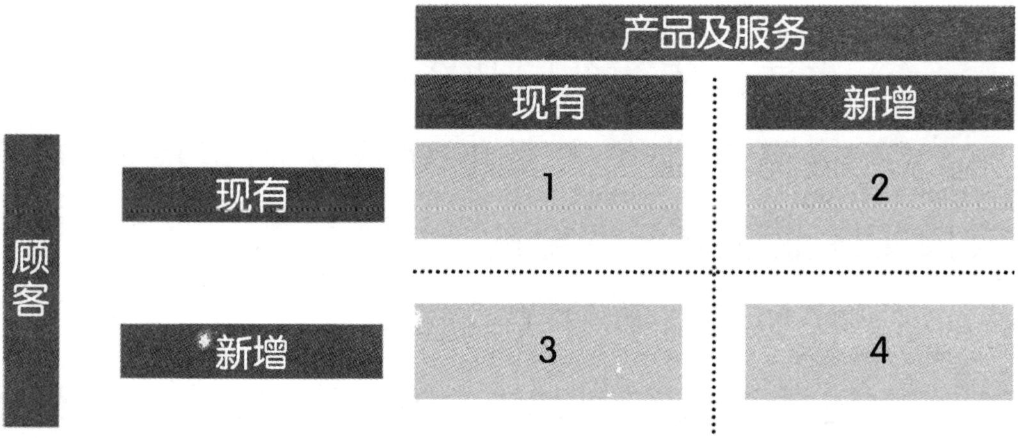

找出你所在的公司目前活跃于哪一个象限（或是哪些象限），然后找机会增加其他象限的业绩。举例来说，假设你任职的公司目前的策略是积极经营第 3 象限（将现有的产品或服务卖给新顾客）及第 4 象限（将新的产品或服务卖给新顾客）。你或许可以想出 1.5 象限（横跨第 1 象限和第2象限）的构想：“要不要提供附加产品或服务给我们的现有顾客？如果他们向我们购买基本服务，我们可不可以提供更多服务，收取更多费用？”这就类似于“您的餐点要不要加点薯条”，而许多企业在这方面的表现都不佳。

如果每一个人都忙着进行引人注目的第4象限开发计划，那么下列问题或许可以让你产生一些好的想法：

◎ 顾客在购买我们的产品之前，把时间和金钱花在何处？

◎ 他们购买我们的产品之后，又将时间和金钱花在何处？

◎ 我们可以用什么方式为他们省去麻烦，不论是购买前还是购买后的麻烦，并借此赚到钱？

3. 更有效取得退费及折扣

天然气和电力公司要调高费率，通常必须得到当地主管部门的许可。时常可见主管部门坚持加收的费用之中必须有特定比例的回馈给顾客，例如给予安装隔热板、温度自动控制器、门窗密封条等节能产品的折扣。或许你的公司已经利用了这些折扣，但是也可能从来没有人找时间去做这件事。无论如何，你都应该去了解状况。

有一家公司就是用这种方法使每个月的污水处理费降低了 1400 美元，相当于每年创造出 16800 美元的获利。除此之外，该公司还申请退还过去 3 年的超收费用，结果收到一笔 50400 美元的支票。如果以 5％的获利率来算，该公司在 10 年内一共要多创造 3360000 美元的营业额，才能赚得通过折扣节省每年所创造出的 16800 美元获利，而且这还没计算那笔 50400 美元的意外之财。

关键思维

为了运用电力公司的折扣方案，我提议装设 30 台自动温控器、47 台光控定时器以及 63 台红外线感应器，总费用（含安装费）是6250美元。能源利用率提高之后，公司每年还能节省2500美元，相当于35714美元营业额所能产生的获利。

——赖瑞·麦尔

企业雇用员工并负担因此产生的费用，不是为了好玩。企业要你加入，是因为有人认为你的职务和你所带来的收入能够大于所产生的成本。他们是对的吗？你或许觉得是，不过关键决策者也认同这一点吗？

——赖瑞·麦尔

探究所有折扣方案，这些方案常常足以支付节能改善措施的全部成本，因此确实值得去做。除此之外，这些改善措施本身所省下的能源费用，通常都会超过费率调升所增加的成本。

——赖瑞·麦尔

4. 改善运营流程并因此而获利

每一家企业都会采用种种流程，而且每一家

企业也都会不断努力提升流程的效率和成本效益。这些努力可以分成下列3个基本的经验法则：

（1）只要你亲自去做某件事，就会产生金钱损失——所以有一种改善流程的方法，就是把实体流程改变成数字形式。想出新方法将实体流程转换为数字形式，流程就会得到改善。

（2）只要有某件事或是某个人在等待，就会产生金钱损失——所以要把现有运作方式中的瓶颈、库存、延误和不必要的等待都加以排除。流程变快，成本就会降低。

（3）只要就某件事进行不必要的沟通，就会产生金钱损失——所以要努力排除不必要的会议以及其他协调行动。

运用上述经验法则找出实际做法，能够改善流程并产生获利。你要做的其实就是排除浪费和减少收支不一致的情况。所经营业务的标准化程度越高，生产效率就会越高。如果你能更彻底地运用员工的知识和经验，就可以创造出惊人的成果。

客服部门就是很好的例子。要提供每一笔退费或是补救措施，往往都必须经过管理阶层的审核许可。既然通常都会照例经过审核与许可，那么为何不改成由客服团队成员按照公司的最佳利益来判断？有一家公司发现，当省去管理阶层对各项服务的审核程序之后，不仅顾客满意度大幅提升，整体退费金额也减少了 32500 美元。这个金额相当于 457142 美元的公司营业额所能带来的获利，而且这还没有算进把管理层原本用来审核的时间应用在其他促进公司成长的领域上所带来的获利。只要全力寻找，各种各样的绩效提升都是有可能的。

5. 在发生代价高昂的错误前加以改正

商业交易上的错误代价非常高昂，不仅会让你丧失眼前的生意，常常还会让你丧失该顾客未来可能会跟你做的生意，而且这位顾客还可能会告诫其他人不要和你往来。一个错误很容易就会导致公司在未来损失上千甚至上万美元营收。

那么，该如何在发生代价高昂的错误之前就加以改正？

◎ 先审视自己的表现，看自己是否一再犯同样的错误，如果是，就要寻求协助。先尽全力厘清自己的表现，确定自己没有因为粗心使问题变得更严重。

◎ 接着设法找出同事的错误，以合作而不是对立的方式和他们讨论，帮助他们面对自己的错误。充分讨论各种构想以改变现有的运作方式，减少未来错误发生的概率。

你会发现，同事对于你希望降低甚至能排除错误的行动会有许多不同的反应。有些人会明确地说“这件事不属于我的工作范围”，另外有人的言行则可能有以下意思：“我领的薪水不包含要做这件事”，或是“我不是主管，其他人的行为由他们自己负责”。接受所有结果，无论好坏，然后尽自己所能去做。果断去行动的人有时候会获得极大的收获。

关键思维

在观察到由不正确信息所造成的重大错误之后，我提议信息部门全面审核他们的顾客资料库，先从量大的顾客开始。这项作业发现了945项重大错误，例如未按时出货、产品规格过时以及联络资料不正确等。经过审核和更正之后，第一年返工和重新运送的成本减少了约185000美元，相当于2642857美元公司营业额所能创造的净利。

——赖瑞·麦尔

6. 赢回流失的顾客

即使你尽了最大的努力，有时错误还是会发生并导致顾客流失。要让自己无可取代，一种方法便是善于挽回这些已经失去的关系。

要处理好这种情况必须要有良好的判断力。你必须努力了解错在哪里，判断这些关系是否值得你投入时间和努力将其挽回。你还必须保持情绪稳定，因为这些状况往往会使人情绪起伏很大。

挽回关系不是什么了不起的大学问。和顾客联络，敲定会面时间，然后坐下来听听他们的说法。只要展开诚挚的对话，把一切都摆在明面上，接下来就可以开始思考应该采取哪些具体方式来解决问题，从而让大家都满意。

一定要确保当初造成问题的原因不复存在，接着再努力赢回变心顾客的信任。拟出的解决和补偿方案，既要符合你的财力状况，也要能吸引对方。诚心致歉，然后努力让一切回到正轨。

你的补偿方案可能是退还已付的款项，提供未来新交易的折扣或是其他方案。你采用的方式，应该以类似下列的说法来提出：

◎ 我们承认我们过去做得不好，并对这些

问题表示诚挚的歉意。我们犯了错，并且准备对您所遭受的损失给予补偿。

◎ 如果角色互换，我们也会和您有同样的感受。造成目前的状况我们是有合理解释的，但是我们希望您能向前看，不要停留在过去。

◎ 这是我们公司的补偿方案。您是否愿意接受我们的道歉，并考虑采用我们的方案？

要注意的是，万一对方回答“不愿意”，就要想好和未来交易无关的备用补偿方案。

7. 设法把工作做得更好

要为公司创造价值，就要提升你的工作绩效。你有两件事可以去做：从量或质的方面加强自己的工作表现。要实际做到，可以采取以下方法：

◎ 更有效地处理干扰——如此你才能将更多的工作时间应用在有生产力的事物上。要处理干扰，必须要具有良好的人际技巧，而这么做所能提升的生产力可能会相当惊人。理论上来说，越能够减少干扰，就会有越多时间从事真正有生产力的工作。

◎ 评量自己工作的品质——设法持续缔造品质更理想的成果。持续鞭策自己，让自己更上一层楼。

◎ 考虑接受更高等的正式教育——以取得更佳的知识和技能。提升自己的教育程度不仅可以为公司创造价值，还能让你具备在未来加薪的可能性。

◎ 利用非正式的教育机会——阅读书籍或专业期刊，用心而专注地学习更多专业领域的知识。

◎ 关注国际和国内大事——知晓这些信息会增强你在工作领域内的重要性。获悉更多的信息是让自己在职场上脱颖而出的绝佳方法。

◎ 更深入地了解顾客的需求——拜访顾客并聆听他们的想法。询问他们对公司的服务感觉如何，以及该怎么做才能提供给他们更多帮助。

◎ 整理好工作环境，让自己的动作更迅速——让自己每一天都能够担负更多工作。

◎ 学习如何发挥创意——持续为自己的工作注入新颖构想和不同方法。在公司寻找提升获利的新构想时，你的想法越具创意，你就越无可取代。

8. 有效运用休假的时间

在假期中一次不经意的碰面机会所能带来的巨大商机，绝对会令你吃惊。这或许是因为人在心情比较放松时会降低警惕心，也可能是因为他脱离了把关者的监控。无论如何，要善用假期和别人讨论你公司的产品。如果你因此得到高于自己假期花费的新生意，那一点都不令人感到意外。

如果你希望能再积极一些，不想用这种意外碰见式的营销策略，或许你可以尝试通过口碑推荐或是社交媒体网站来吸引消费者和你联络。当消费者主动而不是你主动时，销售阻力就会很小。要小心不要在这个过程中加入任何推销压力，因为这样一定会造成反效果。努力让对方觉得和你接触是他自己的主意，那么一切就会很顺利。

关键思维

善用偶然的碰面和非正式场合为潜在顾客推荐适合的产品。尽可能在各种非正式场合和潜在顾客互动，而当你身处那种场合时，要提出大量问题，判断顾客最迫切的需求或问题，找出他们业务中最需要创造新价值的那部分，评估他们公司的目标。这一切行动的目标，要放在为他们解决问题和满足他们经营的需求上。在你了解对方真正重视哪方面以及他们可能会向你购买哪些产品之前，千万不要因为急着和潜在顾客谈成交易而搞砸了高尔夫球场的球叙或是轻松的午餐氛围。如果你不是担任业务工作，就会比业务人员多一项附加优势：你不太会遭遇业务员常碰到的销售阻力。

——赖瑞·麦尔

9. 帮助供应商赚到更多钱

为公司创造价值的方法之一就是要求供应商提供折扣，而只有在你和他们的交易量足够大，让他们无法忽略你的时候，才有可能谈成折扣。否则对你来说比较好的方式便是为供应商设想一些方法，让他们赚更多钱，这样他们才会愿意在未来的交易中提供折扣作为回报。

有各式各样的方法可以做到这点。其中之一就是找出你过去用来为公司增加获利的构想当中，有哪些适用于供应商。然后你可以联络对方并询问："我们公司采取了一些很有趣的做法来提升获利，我相信这些构想当中有一些对你们公司也会有帮助。如果我告诉你们可以如何运用这些构想来弥补你们提供折扣的损失，你们是否愿意在未来的交易中提供折扣？"

如果对方同意，接着就要协助他们从组织内部找出金钱，而且金额要多于他们提供给你的折扣，实际上也就是你要努力成为供应商的顾问。他们会乐于和你维持关系，但是要想关系长久，就必须让他们获利。你等于是在提供一种强化关系的方法，而且他们无需付出成本，所以你尽可以大胆地提出你的方法。

关键思维

利用电力公司的折扣方案，每年可以省下2500美元，相当于公司营业额35714美元所能产生的获利，而且这笔获利每年都会反复产生。接着我把这项创新提供给7家原料和服务供应商，这些厂商都不曾利用过这项折扣方案。他们都同意将折扣方案所节省下来的金额作为未来交易的折扣回馈给我们。最后我们得到的折扣总额，相当于11750美元的公司年度净利，相当于167857美元营业额所能产生的获利。这项获利贡献每年都会重复产生。

——赖瑞·麦尔

10. 给顾客意外之财

你用来降低公司和供应商成本的策略，同样可以和自己的顾客分享。不过和其他有所不同，你必须保持谨慎，并且说明你的获利策略建立在“没有任何附带条件”的基础上。你在这方面的目标，是要强化和顾客之间的关系，让你的公司无可取代。

一些建议如下：

◎ 先建立信任——因为他们在刚开始自然会感到怀疑。要有耐心，逐步建立关系，不要期待一切都能立即见到成果。

◎ 不要一次就把所有的策略都提出来——可以每个月或每季提供给他们一个新构想。让他们以自己的步调尝试你的建议，而不是让他们觉得你是在赶鸭子上架。

◎ 把提升获利的做法融入推销方案当

中——让其他人也受益。要业务人员对潜在顾客说：“在你决定要不要订购我们的产品之前，我想先向你说明如何创造出高于我们产品价格的新收入的方法。”这显然是强化自己竞争优势的绝佳方法。

关键思维

你的目标是让公司在顾客眼中无可取代，而提出提升获利的方案，就等于朝着正确的方向迈进了一大步。这种能创造价值的方式是少见但有用的做法。

——赖瑞·麦尔

11. 改善公司的现金流

如果你可以想出有价值的方法来改善公司的现金流，就可以让自己变得无可取代。那么该从何着手？

◎ 改造发票系统——确保公司对所进行的

业务能保持正确收费。光是这一点每年就可能多创造数千美元的营收。

◎ 让顾客提前一个月预付货款——而非采用传统的月结方式。提供配合这种付款条件的诱因，并以此作为标准的经营操作方式。新顾客会完全接受这一点，而现有顾客则可能要分阶段实施——在前几个月先预付50%货款，另外50%月结。

◎ 采取戴尔电脑的经营模式——让顾客在下订单的同时付款，然后再按照他们的规格进行生产。如果你这么做，就不用寻求额外的运营资金。如果因为某些理由而无法采取这种模式，那至少也要采取货到全额付款，不允许任何欠款。

任何可以缩短公司现金循环周期的方法都很有益，也都能大大改善公司的财务状况。你可以朝以下3个目标加以实现：

◎ 缩短应收账款期限。

◎ 缩短存货在库或运送的时间。

◎ 延长付款给供应商的时间。

设想出有效且可行的方法，达成上述3个目标中的任何一项，那么你就可以释放原本会被绑住的资金。你可能会以为会计人员一直都在做这些事，但是他们没有你那么了解公司的运作模式。找出达成目标的方法，然后将方法报告给主管。如果需要额外的协助才能进行必要的改变，市面上有很多管理顾问可以提供服务。释放出越多现金，公司就越不需要向外界寻求融资。

12. 找出意料之外的竞争优势

公司当前的价值主张可以简化为："请以这个价格购买这个产品，这是值得的。"你的现有顾客认同这一点，所以他们和你往来。然而状况会改变，你的成本会增加，竞争对手会提出更优惠的方案，新科技会出现，等等。如果你能想出公司的价值主张应该如何调整并主动适应这些改变，你就会让自己成为更加无可取代的员工。

可能的改变有8种：

	提供更多	现有商品	提供更少
卖得更贵	1	2	3
现行的价格	4	×	5
卖得更便宜	6	7	8

（1）提供更多同时提高价格——推出高级产品或服务，要价更高，却能为顾客提供庞大的附加价值。

（2）保持现有产品但提高价格——如果顾客觉得价格更高就代表价值更高，这就是可行的。

（3）提供更少却卖得更贵——这听起来有点大胆，却一直都在发生。有时候少就是多，你的顾客会积极做出回应。

（4）以同样价格提供更多——把你新想出的成本效益回馈给顾客。如果新的竞争对手迫使你采取这种方式，那就设法让自己的产品与众不同，例如和其他产品搭售、整合具有附加价值的服务或是改进产品的包装等。

（5）以同样价格提供更少——例如冰淇淋业者提供两升装的包装。你可能要大胆假设，现有顾客的忠诚度会胜过对价格上涨的抗拒心理。

（6）提供更多而且卖得更便宜——换句话说就是批量生产，以便宜价格批发给顾客。如果你的财务状况健全，而且想要迫使较弱的竞争对手退出市场，就可以采取这种方式。

（7）相同的产品卖得更便宜——在市场萧条时可能会有用。这会比以相同价格提供更多更引人注目。

（8）卖得更便宜而且提供更少——提供低配产品并据此订立新价格。

对于公司的价值主张进行上述任何一种改变，都会对财务产生深远的正面或负面影响，所以必须谨慎地加以全盘考虑后才能有效执行。如果你能帮助公司更积极地调整市场定位，你就能强化自己对公司的价值。

每当企业进行定位上的艰难变革以适应市场变化的时候，大多数员工往往都会从个人利益的狭隘角度来看待这一切。如果你能够让其他人从正面看待变革，就能帮忙提升人们对变革的支持。这对公司的管理团队来说会是无与伦比的助力。

关键思维

如果变化正迫使你的公司必须改变现有的价值主张，那么应该朝哪个方向移动？经营策略的困难之处在于，要使顾客的期望和公司的需求及目标能够匹配。但是如果你能想象出其他价格和产品组合的途径，搭配就会比较容易。如果你了解组合途径，你自己就可以提出必要的变革，或者至少能够了解为何老板有时必须改变策略，从而更能支持这些改变。无论如何，增加自己在基本市场定位方面的实务知识，也是一种方法，能让你创造庞大且意料之外的价值。没有任何事物会保持不变，所以如果想要一直保持同样的策略，那就只有一句话——不可能。

——赖瑞·麦尔

13. 领更少薪水做更多事

就像企业重新定位自己的产品并改变价值主张一样，在建立自己的职业生涯时，你也可以有类似的选择。你可以：

（1）做更多也领更多——表现出你已经有资格领取更高薪资。

（2）做现有的工作却领更多——提出削减成本及创造收入的构想，同时做好所有的日常工作。

（3）做更少却领更多——想出更有效率的方法完成工作，并因为让公司获利增加而获得报酬。

（4）领同样薪水却做更多——可能是为了在经济不景气时保住自己的工作。

（5）做更少而领一样的薪水——方法是让工作流程更流畅，并采取更明智的做事方法。

（6）领更少但做更多——在公司挣扎求生时可能会很有必要。

（7）领较少薪水而做同样的工作——同样是在市场萧条时可能产生的状况。

（8）做更少也领更少——如果你在调整生活方式，这可能会适合你。

如同企业定期调整价值主张一样，你也应该对自己的职业生涯进行定期的调整。如果公司正面临艰困的境况，你自愿表示要暂时减薪能够展现出你了解公司正面临难关并且愿意共同解决难题的决心。

其他人可能会认为，花时间在低薪资的职务上是你在获得升迁之前必须经历的。无论如何，如果你能好好利用自己在职业生涯发展中的每个位置，就能让自己在未来有机会升迁到更高、更好的职位。

切记，你对公司健全的财务所做出的贡献一定都要加以记录。如果未来要另谋高就，你努力做出正面贡献的成绩单会对你极为有利。要明智且慎重地经营自己的职业生涯。

14. 运用软技巧创造出坚实成果

关键思维

你的职责是为顾客和公司创造真正的价值，而这种价值应该能直接用金钱来衡量。当然，你要用专业且亲切的态度来创造价值，并且善尽自己的职责，让同事和顾客在和你相处时感到自在，愿意继续和你共事。

——赖瑞·麦尔

人际沟通是一种软技巧，在努力让自己无可取代的过程中，值得你好好学习。如果懂得沟通技巧，你的获利提案就更可能被全盘接受并受到欢迎，你也会更善于解决冲突和激励他人，而这些都是商业界高度重视的技能。

事实上，除了为公司带来意料之外的获利，你还要善于吸引大家注意你的表现，而且不能引起同事的不悦。是别人的功劳，就要归功于对方，而对于你自己缔造的杰出表现，也应该积极争取应有的评价。良好的沟通就在于追求适当的平衡。

如果你能想出可以创造价值的宝贵方案，并且有能力妥善沟通，鼓励其他人接受你的构想，你就会变得无可取代。要努力加强沟通的技巧，就像你在为公司实现新的获利时那样努力。

关键思维

大多数人的努力程度，都只够让他们不至于被开除。而所赚得的薪水，则只够让自己不至于想辞职。

——乔治·卡林

三　让一切动起来
——就从下星期一开始

了解如何记录自己的构想并且整理了所有可得的创造获利方案之后，接下来就要思考提升自己的方法，这样才能让你的效益发挥到最大。有些获利机会应该立即着手进行，有些则应该等到时机成熟，至于剩下的就可以直接忽略。

在思考这 14 项可能的获利来源时，你可能已经想出许多不同的构想。为了决定应该优先采用哪一个，你可以用两个问题来过滤自己的构想：

◎ 就公司的整体营收而言，这个构想的金钱价值是高还是低？

◎ 找出并实现这个解决方案的可能性，是高还是低？

回答完上述两个问题之后，接着就把这些可

能的构想，归类到下列 4 个象限之中：

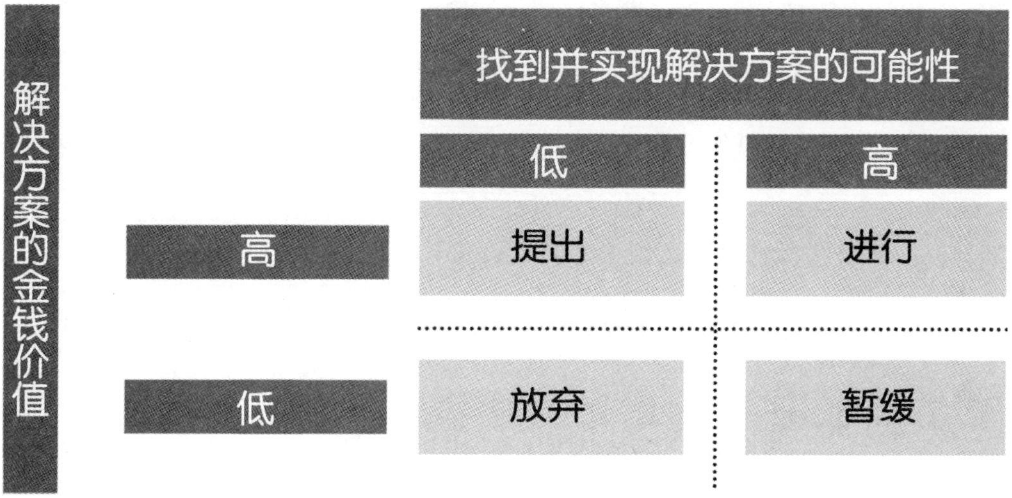

能带来高度财务价值且成功可能性很高的解决方案，就应该立即着手进行，你大部分的时间及努力应该花在这里。符合这个象限的构想，也会强化你的个人价值及无可取代性。

如果记录下自己提出的构想以及所产生的财务成果，那你就有了非常好的资料，可以在下次绩效考核时提出。事实上，你应该提出所有记录和量化你对公司财务贡献度的资料，包括：

◎ 你的个人损益表——呈现公司过去一年雇用你所花费的成本以及你为公司赚了多少钱。

◎ 个人资产负债表——列出自己的有形资产（例如重复性的获利创新行动所带来的未来现金价值）和无形资产（例如良好的沟通技巧），这些无形资产要能够让你在未来替公司赚更多钱。

◎ 你过去一年提出的所有获利方案的副本——不论最后方案是否付诸实施。

◎ 对于未来一年的计划——你打算进行哪些能够进一步为公司做出贡献的工作，包括在这期间你要如何将自己的工作做得更好。

◎ 更新的简历——其中要详细记录你从上次绩效考核到现在所有付诸实施的方案所产生的成果。

这种种资料应该能确切而客观地证明你对公司的价值，也能避免主管对你的工作成果产生选择性记忆。如果你带着这些资料接受绩效考核，讨论就会集中在你对公司的真正价值上。

将公司广泛的运营业务细分成特定范围的损

益表，这是非常有价值的做法。马来西亚航空公司于 2005 年 12 月聘请了新的 CEO，用以拯救该公司前几年累积的严重经济损失。马航的新任 CEO 伊德利斯·贾拉制定了一项政策，要求马航就每年 16 万航次中的每一航班都建立单独的损益表。此举让经营团队得以迅速找出问题并拟出解决方案，比用全公司的财务报表来分析要快上许多。通过这项损益表，马航从 2005 年亏损 5 亿美元，进步到 2007 年获利 26700 万美元。

重点就在于，企业的收入必须大于支出才能够生存。如果了解公司的财务状况，你就能成为更有价值的员工。如果你能制作出个人损益表，确切呈现出雇用你所能赚到的收入大于所花费的成本，那么你就能强有力地证明自己是无可取代的。要想每年都做到这点，关键就在于能想出更好的方法，为公司增加营收或强化获利能力。

不论整体经济形势如何，你都应该努力加强自己经济理论方面的学习。要能够了解公司整体损益表呈现损失的时间，并且想出能扭转形势的构想。将一切掌握在自己手中，不要以为自然会有别人处理，然后想出实际且可行的解决方案。

如果你从事具体业务工作，就要运用你的构想让顾客得到更多获利，使自己创造出超越所有人的业绩。顾客会通过从你这里购买更多产品作为回报。协助你的顾客茁壮成长，能够帮你充实个人损益表，从而对公司产生正面的后续效益。了解自己的所作所为可以发挥什么价值，你的无可取代性就会有长足进步。

关键思维

愿意承担责任并解决问题的员工具有很高的价值，而遇到问题总是不知所措的员工则令人感到厌恶。积极面对自己在日常工作中会遇到的挑战是你应该做好的事情；然而有时候你也必须跳出自己的工作圈子，解决别人未发现的问题。换句话说，你必须找出减损公司获利的潜在问题，不论是可以削减的成本，还是能够掌握的营收。你应该将自己的时间着重花在能为公司带来真正价值，并且能让自己引人注目的方向上。

——赖瑞·麦尔

卓越工作成就成功事业

Great Work，Great Career

How to Create Your Ultimate Job and
Make an Extraordinary Contribution

原著作者简介

史蒂芬·柯维(Stephen R. Covey)，毕业于哈佛大学商学院及杨百翰大学，荣获8个荣誉博士学位，现为全球专业服务公司富兰克林柯维公司董事长。史蒂芬·柯维著有《与成功有约》等4部百万级畅销书，被《时代》杂志评为最有影响力的25名美国人士之一。

珍妮弗·柯洛西莫(Jennifer Colosimo)，毕业于普渡大学，曾任埃森哲管理顾问公司企业变革管理顾问，现为富兰克林柯维公司首席学习官，也担任其他高绩效组织的高级主管和学习促进师，在企业变革管理领域有多年经验。

本文编译：王约

主要内容

关键词解读	贡献宣言 / 117 影响圈与忧虑圈 / 119
编辑室报告	卓越工作成就成功事业 / 121
5分钟摘要	开创最佳职业生涯 / 124
轻松读大师	一　定义并打造卓越的职业生涯 / 126 二　你的贡献是什么 / 132 三　怎样做出你的贡献 / 144 四　熟悉求职程序 / 154

关键词解读

贡献宣言

大家还记得电影《穿着 Prada 的恶魔》中两位女主角初次见面的场景吗？在她们第一次见面时，饰演恶魔主管的梅莉尔·斯特里普一开始就问了前来应征的安妮·海瑟薇两个问题："你是谁"和"你来这里做什么"。看似冷酷无情的两句话，其实道尽了一家公司对员工的需求与期许。"你是谁"问的是求职者的优势与擅长，"你来这里做什么"则是要知道求职者能为公司带来什么贡献。

简单的问题，背后却有相当不简单的含义。这说明，当一名求职者找到自己想要有所贡献的领域后，必须在面试时把自己当作一个贡献者，而非找工作的人，这样才能让该公司真正看到自己的价值。要做到这一点，最好的办法就是写下贡献宣言。

贡献宣言是史蒂芬·柯维着重强调的一个条件，他指出：在找工作时，最重要的就是要抱持一份有贡献的心态。找出该公司的需求，凭借你的观察和判断，写下一份切中要害、可以改善公司面貌的贡献宣言。你可以把贡献宣言跟个人简历一起交给想应征的公司，对方会更容易发现你富有创意又愿意为公司做出贡献的心意，因此你获得工作的机会也就更大。

一份好的贡献宣言，必须包含对公司所面临问题的深入分析。在整个市场里的任何一家公司，其实都有各种还没被满足的需求，如果有人有解决问题的勇气和积极主动的心态，就可以在几周或几个月内，写出有意义的贡献宣言。当一个人愿意这么做的时候，就能对他的整个职业生涯产生很大的影响，进而打造最佳的职业生涯。

影响圈与忧虑圈

所谓的影响圈，就是在你所及范围里，所有可以接受到你帮助或指导的人。影响圈包含你人脉网内的所有成员以及你所获得的专业知识、工具和资金，还有你可用的各种资源。

在影响圈之外，还有一个比较大的忧虑圈，这个圈圈则包含了各种阻止个人职业生涯成功的障碍。忧虑圈范围越大，对个人影响就越深，从而会使你对开创最佳职业生涯失去信心，让过多不必要的忧虑击垮自己追求卓越的梦想。但是当一个人专心经营影响圈时，随着影响圈日渐茁壮成长，忧虑圈的势力自然会日渐削弱。如此一来，打造最佳职业生涯的力量就会更强大。

知名电影导演史蒂文·斯皮尔伯格在十几岁连高中都还没有毕业时，便走进环球制片公司的制片厂。当时的斯皮尔伯格热情地想参与电影的拍摄工作，即使求职无门，也没有打消他学习的决心。那时的斯皮尔伯格根本没有多大的影响圈，但他却自告奋勇接下所有工作，在片场建立人际关系，学习制作电影的手法，最终将他的影响圈扩及整个电影业。

大多数人在面临困境时，都会对自己有所怀疑，最终被忧虑圈打倒。要克服这一点，最好的方法就是指导别人。当你帮别人设法拓展他们的影响圈时，你会发现自己的影响圈也同时跟着扩大。只要专心经营并扩大影响圈，助力将源源不绝，让你不受忧虑圈的干扰。

编辑室报告

卓越工作成就成功事业

大多数人认为莎士比亚的戏剧文学总有一种晦涩难懂的感觉，但倘若有机会深入了解，就会发现当中不乏贴近生活的趣味故事。

电影《足球尤物》其实就改编自莎翁的经典名剧《第十二夜》，而其中男主角在比赛中慷慨激昂的发言，就来自戏剧原文。男主角杜克用莎翁提到的“伟大”的概念来为队友打气，他说：“不必害怕伟大。有人是天生伟大，有人是成就伟大，有人是不得不伟大。”

虽然这段话在原著中只是一幕闹剧中的话语，但用在电影中却恰如其分，让人更能体会伟大一词的意义。

在今日，伟大不再那么遥不可及，我们要成就伟大最好的方法，就是创造自己的最佳职业生涯。并非只有担任类似跨国公司 CEO 的职位才叫最佳职业生涯。任何能够在工作上发挥与众不同价值的人，都可以赋予工作不同的意义，顺势提升自己的重要性。

安分守己不是坏事，但沉溺在不思进取中只会削弱个人的价值。看清公司的问题在哪里，主动寻求解决方法，才能以卓越的表现来展现自己的能力和优势。这样呈现出来的，不只是一份业绩，还有态度和决心。这样的员工，走到哪里都会受欢迎。

日剧《OL 日本》讲述了一家日本公司打算将产业外移，一群可怜的员工即将面临裁员的无情命运。面对这种状况，有人忧心忡忡，但也有人反倒在这段时间更认真学习，提升自己的技能与附加价值。剧中一名平时很安静的女生，有一次竟出人意料地用中文和主管争吵。后来凭着一口流利的中文，她不但没被裁员，还被外派到北京分公司，协助日本员工和中国员工融洽相处。

这位女职员正是“没有不景气，只有不争气”的好榜样。

无论环境如何，无论身处何处，都无碍于追求伟大。你可以重新定义工作，也可以追求新的工作，重点在于什么样的工作最能让你发挥长处，找到自己的价值，然后彻底点燃热情并照亮世界，相信你可以成就伟大的事业。

5分钟摘要

开创最佳职业生涯

现在正是为自己开创最佳职业生涯的绝佳时机——即使你目前仍然处于待业阶段。

随着经济从工业时代进入信息时代，一切都处于不断变动的状态中。这表示成功的不二法门不再是终其一生在一家公司努力往上爬。相反，从事什么行业或者如何塑造自己的职业生涯，已经没有任何限制了。要运用进取心为自己勾勒出最佳职业生涯，让自己能够因为做了大事，而在日后回顾时感到骄傲，现在是最好的时机。

要想开创出最佳职业生涯，你必须：

◎ 了解如何定义与打造自己所谓的“最佳职业生涯”。

◎ 对以下两个问题有清楚的答案：“我可以对世界有什么贡献”以及“我要如何做到这样的

贡献”。

◎ 学会熟练运用求职程序这个机制，让自己获得更多的机会。

一　定义并打造卓越的职业生涯

有许多不同的方式，可以让你用来定义何谓“最佳职业生涯”，可是归根结底来说，你最理想的职业生涯，大概不外乎做到3件最关键的事情：

想要拥有最佳职业生涯，你必须先想清楚自己最终的目标是什么。在一开始工作的时候，你大概只想找一份支付开销、赖以为生的工作，但总有一天你不会只想糊口而已，你会想从事自己引以为荣的工作。这就是定义最佳职业生涯的重点。

所谓“最佳职业生涯”是因人而异的，这个词在你心中唤起的景象和期望，和它对他人的意义会有所不同。你要从事什么行业以及这个职业生涯有多少“钱途”，并不是重点。你对最佳职业生涯构成要素的定义，发自你的内心。然而归根结底来说，最佳职业生涯的定义应该包含以下3项要素：

1. 解决棘手问题

你希望在自己的职业生涯中能够去处理一些重大的问题。这些问题可能不是“为中东带来和平”之类，也不是志在获得诺贝尔奖。你或许会满足于让自己的职业生涯专注在平凡的目标上，不过重点在于，最佳职业生涯都是以解决棘手问题为基础的。

2. 尽力发挥所长

最佳职业生涯会让你尽力发挥自己的能力。它代表的不只是一份工作，不只是让你每天上班就盯着时钟期待下班，不只是只能在空闲时间做自己觉得有趣或吸引人的事情。相反，当你拥有最佳职业生涯时，你每天都会心情愉悦地想："真不敢相信，做这件事还能领薪水。"当你从事自己热衷的工作，你每天就会迫不及待地想要上班。你会从事自己引以为傲的工作，并乐于接受他人以这个工作来评价你。

3. 做出独特贡献

拥有最佳职业生涯的人，会为其所属的团队做出独特贡献。你会想要做出成果，因为你非常擅长自己正在做的事情。因为你每天所做出的成果，你所处的环境会改善，你的公司会更加茁壮，你所关心的人或客户也会因你所创造的价值而获益。

努力获得最佳职业生涯这件事，乍看之下似乎遥不可及，但不要这么快就下结论。最佳职业生涯为什么只能属于名流富豪？为什么只有从事特定行业的人，例如救死扶伤的医生，才能拥有最佳职业生涯？事实上，任何人都可以拥有最佳职业生涯，可是只有少数人曾经花时间去思考这个词对他们有什么样的意义。

关键思维

拥有最佳职业生涯的人，可以做出独特的贡献，并让他人产生忠诚感与信任感。不论职称、职位还是职业，任何人都可以拥有最佳职业生涯。

——史蒂芬·柯维　珍妮弗·柯洛西莫

现在正是努力让最佳职业生涯付诸实现的时机，因为我们正处于工业时代到信息时代的过渡期。工业时代的工作者被视为“庞大机器中的小螺丝钉”。在那时要想获得成功，就要在一家稳定的公司找一份差事，如果运气够好，就能一路晋升。你的整个职业生涯都会在同一家公司度过，最后领退休金退休。在今天动荡的就业市场里，这样的模式已不再适用于大多数人。

许多企业纷纷缩编和裁员，频率高到只有乐观主义者才会认为自己一辈子都将待在同一家公司。

市场的动荡意味着现今有许多问题开始浮现，而能够解决这些问题的人将大有可为，没有必要被不合时宜的旧有职业生涯观念绑住。你大可天马行空地去设计和打造职业生涯，尽情发挥自己的天赋与热忱。要朝这个方向前进，首先就要坐下来好好想一想，对你而言什么才是最佳职业生涯。

关键思维

在工业时代，工作者被视为机器。他们有“使用说明”。你不会要求甚至不会希望员工能做出任何独特或出乎意料的贡献，就如同你不会希望烤面包机对你的面包做任何“独特”的事情一样。但是，信息工作者跟机器截然不同。信息工作者会选择所要处理的问题，创造出新的解决方案，并且意识到自己所能做的贡献是无限的。

——史蒂芬·柯维　珍妮弗·柯洛西莫

平庸的员工不是好的领导者，也不是好的团队成员。他们难以获得加薪或晋升，而且经常感到气馁，几乎无法在自己的工作中获得成就感。那么，何不致力于追求卓越？你能做出更多贡献，赚得更多财富，还能创造更高的可信度并获得更大的机会。

——罗杰·梅瑞尔　瑞贝卡·梅瑞尔

二　你的贡献是什么

你必须坐下来，拟出一篇书面的贡献宣言，总述你可以做出什么贡献。贡献宣言包含3大要素：

你的最佳职业生涯会先在心中成形，然后才会在现实中实现。你必须在心里定义一个清楚的目标，才能着手实现它。你要先想象自己想要的最佳职业生涯会是什么样子，而不能随波逐流。

关键思维

当你不再问“我该怎样才能晋升”等问题，

而是问“我希望做出什么成果”或“我想留下些什么”时，你的最佳职业生涯才会展开。

——皮特·霍金斯　尼克·史密斯尔

写下你的贡献宣言是为了回答这些问题。换句话说，贡献宣言会是你职业生涯的方向舵。它会指引你该追求哪些机会，明确指出你想要创造的价值、想要服务的对象以及想为世界做出的贡献。拟出完整且符合个人实际情况的贡献宣言，会是你踏上最佳职业生涯的第一步。

关键思维

只想找一份差事的人，会写简历；想拥有最佳职业生涯的人，会写贡献宣言。我鼓励你为所接受的每个职位写贡献宣言，也为你的整体职业生涯写贡献宣言。

——史蒂芬·柯维

大多数人都活在局限自己潜能的圈子里。我

们其实都有着自己做梦都想不到的能量与天赋，可以汲取利用。

——威廉·詹姆斯，19世纪美国哲学家

信息时代的工作者必须学会问："我可以做什么贡献?"这在人类历史上是崭新的问题。在过去，工作是上级交付的。直到最近，大家还理所当然地认为：多数人都是部属，要听命行事。信息工作者的出现，正在改变这一切，而且很快。

——彼得·德鲁克，管理学大师

工业时代的主流模式是职责说明，然后工作者会努力调整自己以达到老板的要求。这种观念到了信息时代就行不通了，因为一切变化得相当快。如果还紧守着传统的职责说明，你会变得无足轻重，沦为边缘。想要向前迈进，你必须找出自己独特的技能和能力组合，然后想出办法发挥自己的各种优势，尽可能做出最大贡献。拟定贡献宣言就是组合所有条件的最好方式。

想要拟出你自己的贡献宣言，必须做到以下

3 件事情：

1. 了解自己的优势

首先你必须列出，你能在职业生涯中发挥所长的各项独特优势。广义来看，这些优势不外乎以下 3 类：

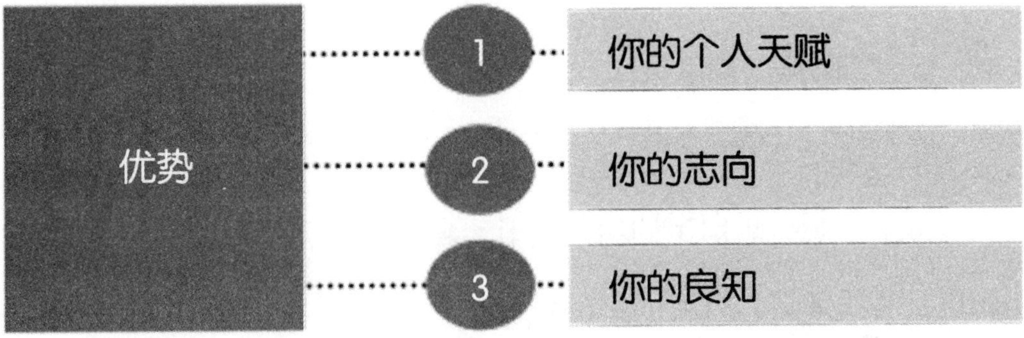

（1）天赋——也就是能让你做出贡献的独特知识、技能和能力。这些都是你可以用来做出成果的工具。每个人都有其独特的天赋。要找出你的天赋，先回答以下问题：

◎ 有哪些事情你觉得轻而易举，而别人却觉得困难重重？

◎ 有哪些事情是因为你很擅长所以别人会请你帮忙的？

◎ 有哪些事情同事说你很拿手？

（2）志趣——就是在你从事时，内心觉得很棒的事情。每个人都会有这样的情况，只是可能自己从来没有注意到。再次回答以下的问题来明确：

◎ 你在闲暇时都做些什么？

◎ 哪些事你做起来会感到精神振奋？

◎ 哪些领域的事情是你最常关注的？

（3）检视自己的良知——因为这就像是道德罗盘，会在你耳边轻声告诉你，你真正的责任以及该做的贡献是什么。这听起来可能有点感情用事，但无可否认的是，唯有从事自己引以为荣的工作，才能打造最佳职业生涯，因为这符合你个人的信念系统。为了探查你的良知，应回答这些问题：

◎ 你对组织的真正责任是什么？

◎ 你对同事的责任是什么？

◎ 你要为顾客尽的责任是什么？

要从讲求岗位职责的工业时代工作者，转变为信息时代的解决方案提供者，找出并详述自己的优势是关键的一步。你必须清楚地了解自己拥有哪些优势。

关键思维

庸才和人才之间的明显差别就是，前者认为自己是在做工作，而后者认为自己是在承担责任。每个人都应该回答这个问题："你是做什么的?"答案不是你的工作职位，而是对个人责任的宣示。

——吉姆·柯林斯，管理学大师

2. 发现自己的志向

在今日的经济环境下，人往往会觉得"机会渺茫"：

◎ 没有公司在雇用员工，企业动辄解雇数千人。

◎ 仅有的工作机会都没有前途，毫无发展可言。

◎ 我没有人脉，因此毫无机会。

比较理想的做法是改为采用“充满机会”的模式，也就是说，新经济的剧烈变动会带来一连串令人惊奇、前所未见的新谋生方法：

◎ 企业面临巨大的挑战，急需能解决问题的人。

◎ 我可以自己掌控职业生涯和机会。

◎ 我可以创造一种工作，充分发挥自己的天赋。

坐着抱怨当今的经济环境，还是懂得主动把握机会，差别就在这里。发现你的志向就是要找出你应该去做的事情、你想去从事的工作。你可以借此重新思考自己的工作，让它成为你的志向。

发现你的志向，包含两个方面：

你的志向

1. 成为志愿者，而不是受雇者
2. 成为解决方案，而不是问题

（1）成为志愿者，而不是受雇者——这就是“为五斗米折腰”与“立志做大事”的不同。你的动力并非来自外在因素，而是来自内心想去成就大事的想法。

没有人会开除志愿者，因为他们拥有充沛的活力和热忱，是不可多得的人才。志愿者不会讨好老板，而会思索该做什么才能带来最佳的结果，并付诸实际行动。值得投入的志向不一定要像“让世界没有饥饿”这么远大。你其实可以把顾客购买公司产品或服务时想要获得的结果当作你的志向。志向可以有各种可能。

（2）成为解决方案，而不是问题——也就是说要采取解决问题的心态。每家企业永远都在寻找最能解决问题的解决方案，即使经济不景气时也不例外。如果你有可行的解决方案，能克服非解决不可的问题，它就会聘请你。要找出有哪些实际的问题，先要有永不满足、强烈的好奇心。你必须仔细研究，然后回答这个问题：“有什么事情是这家企业绝对必须做到，但目前却没有做到的？”产生了想法之后，就要通过两个问题来实际检视：“这个问题的具体影响是什么”和“这个问题发生的概率有多高”。了解相关信息之后，你就可以准备提出解决方案。

发现志向还有个额外的好处就是，当你去了解企业所面临的真正挑战而不只是在应付面试时，你就会把这当作“需求与机会的演示”。你可以说明该公司的需求以及你如何帮助公司满足这个需求。如果聪明的话，你可以建议公司给你一段无薪试用期，直到对方相信你的解决方案可行并且能提供价值。与其被动求职，不如创造一个最适合自己的职缺。要获得绝佳工作并打造最佳职业生涯，这是非常明智的方法。

3. 奉献自己的所长

在你找出自己的优势并发现自己的志向之

后，还必须转换心态才能写下贡献宣言。你要从求职者的心态转变成贡献者的心态。你必须不再视自己为弱势的求职者，而要视自己为强有力的贡献者。

要转换心态有个好办法，那就是参考海洋工程界的例子。远洋轮船要有巨大的船舵才有办法改变航向。要让远洋轮船的巨大船舵转动，要用一种叫做舵板的东西。在舵板转到某一边的时候，会形成一种真空状态，拉动巨大的船舵转动。而要在大企业做出成绩，你必须下决心让自己成为舵板。你要在现状上做出小幅调整，以创造出重大的后续效应。找出明显的需求，并对此做一番努力。

了解到自己可以做出贡献的方法之后，就可以开始撰写贡献宣言。这会令人却步，不过只要照以下方式来做，就不会觉得太难：

（1）写一些内容，向你认识的最有成效、最有影响力的人致敬。要详述这个人对你人生的影响。这样做可以让你专心思考你希望自己达成什么样的成就。

（2）然后写下你希望老板、团队成员或顾客如何评价你。在你撰写自己的贡献宣言时，可以采用这些想法。

（3）花时间仔细且深入地思考自己的优势。在规划解决方案的时候，心里要明白自己能够发挥什么作用。

（4）接着要检视自己的志向。说明你所找出的问题、其衍生的结果以及你打算提出的解决方案——不论是对你目前的老板还是对你想谋职的其他公司。

（5）写出贡献宣言的初稿。要提醒自己，初稿是会修改的，所以可以天马行空地去想并尽情地写。

（6）和主管分享你的贡献宣言并听取他的意见。修改并加强你的贡献宣言以便跟你的潜在雇主分享。

贡献宣言范本：

◎ 大多数软件项目会失败，是因为顾客的期望在不断改变，因此我要运用自己担任少年棒球队教练时的经验，协助团队持续投入于目标并时时调整做法，适应不断改变的状况。

◎ 身为老师，我注意到许多高中退学的学生成为“高危人群”，因此我要运用自己曾经担任演员的经验，以寓教于乐的方式指导班上的同学，吸引并保持他们的学习兴趣，直到他们毕业为止。

三　怎样做出你的贡献

拟好贡献宣言之后，你的重点就要转移到如何让自己从事能实际做到那些贡献的工作上。这就需要你克服障碍，致力于落实解决方案，解决你雇主的关键问题。其中包含3项要素：

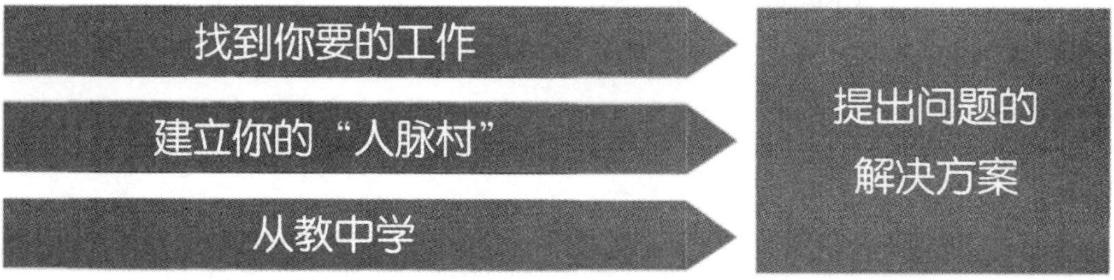

努力拟定你自己的贡献宣言有个好处，那就是这样你能够扩充你为目前公司或其他人所扮演角色的范围。赶快和你目前的团队成员分享吧。

关键思维

不要害怕被人认为很冒昧。只要有人跟同事

说“这个我很擅长，我就是这样做事，这就是我的价值所在，这就是我打算专心去做的贡献，这就是公司要我达成的成果”，对方的回应一定是：“这太好了，你怎么不早说?”

——彼得·德鲁克，管理学大师

当你为了工作面试做准备时，贡献宣言就能真正派上用场。在此以虚构的“康血公司”为例，来比较传统的简历和解决问题的贡献宣言有何不同之处，该公司正在招聘品管经理：

◎ 传统的方式。谋得一个职位，让我可以在实验发展与工程方面发挥管理技能。

◎ 解决问题的方式。我知道康血公司曾因为各种血液产品遭到感染而产生过传染的问题，我可以运用自己的微生物学和运营流程管理方面的专业资历，确保所有康血公司的产品在未来不会受到感染。

1. 找到你要的工作

拟定贡献宣言是一件事，真正去实践它则是

另一项挑战。如果你目前没有在需要你提供解决方案的公司上班，那更是如此。那么，该从何处着手开始？

关键思维

要找到你想要的工作，90％靠的是研究。没有企业会为了请人而请人，可是企业都想要解决自身的问题。

——史蒂芬·柯维　珍妮弗·柯洛西莫

你必须努力想出，动荡的经济环境对你想求职的公司会造成什么新的挑战，然后开始研究你可以在那些领域提供哪些解决方案。即使经济形势不好，所有人都认为就业市场上一职难求，你还是必须展现进取心并坚持下去。你必须努力，直到破除一切浮现的障碍为止。

你想要的工作甚至可能尚未存在。如果你已经看出目前的工作可能不保，不要枯坐干等着自己被炒鱿鱼。要更加积极主动，努力拓展自己的“影响圈”，也就是你能够运用的人脉、专业知识、工具还有资金。

以下举例说明这个方法要如何应用：

◎ 有个在信用卡处理公司负责撰写技术文件的人注意到形势严峻，他的职位恐怕很快就会不保。他去研究公司营业收入下滑的原因，结果了解到公司有严重的现金流问题，因为越来越多的顾客没有按时还款。

◎ 他去找了管理层，自愿到催收部门工作——也就是发生问题的第一线。他研究了其他企业处理这类问题的方法，并向公司建言，结果改善了创造现金流的绩效方案。

◎ 他很好奇为什么当初会出现这样的问题，结果发现很多高风险的顾客同样能申请到信用卡。他又利用自己的时间进一步研究，发现公司完全可以事先就避免这类问题，而不是等事后再处理。

◎ 他和其他有类似问题的公司的员工讨论，参加了几个以此为主题的研讨会，还学会了熟练运用该领域的新技术和新工具。然后他拟出一份方案，详细列出彻底解决这个问题的必要做法和预算。

◎ 接着他又找出论据，说明公司为什么应该进行这个投资。

◎ 他向公司提出方案，并表示愿意推动这项方案的执行。

◎ 他的建言被采纳，公司立刻把握这个机会根除问题。其方案研究详尽，投资报酬清楚明确，是受到采纳的关键原因。

◎ 由于他显然是公司最了解状况、最适合领导实施该项方案的人，所以他获得晋升，负责该项方案。最后，他通过这项为自己“量身打造”的方案，让公司增加了丰厚利润。

2. 建立你的“人脉村”

工业时代求职者被鼓励去广结人脉，也就是

要尽量多建立工作上的人际关系，借此跨入各家企业的大门。这种观念将人视为工具，可能在某个阶段很有效，但现在已经不管用了。在信息时代，重要的是要由你重视的人组成你的“人脉村”。

人脉村和人脉网的运作方式不同。在人脉网中，大家知道如何和彼此联络。但在人脉村中，大家不仅对彼此很熟，而且还会采取行动互相帮忙。因此要建立和维系长久关系，你必须注入更大的努力。和人脉网表面的往来相比，人脉村的人际关系更为真实。

建立人脉村要采取哪些方法？以下提出 4 个建议：

（1）找出潜在的人脉村成员——从你目前服务、支持或以各种方式帮助你的人当中去找。你大概马上就可以想到 10 个左右的人选。先从这些人开始，再慢慢往外拓展。

（2）为每个人开设情感账户——也就是虚拟

账户。每当你帮助别人，就等于在账户中存款，反之亦然。先帮助人脉村之中的每个成员，再寻求对方的帮助，借此努力建立你的信用记录。采取符合自己贡献宣言的方式，以此建立关系，并在账户中“存款”。

（3）提高网络曝光率——先从开设职业生涯博客着手。把你的贡献宣言放到博客上，并且展示你的简历。定期在博客上发布新的构想以及个人的发现和成果。每天都要花几分钟时间发布新的内容和更新简历。邀请人脉村的成员分享他们的构想并发表评论。在你求职时，这个博客会是绝佳的资源，因为你的潜在雇主可以快速又容易地认识你。你也可以撰写和发表电子书，简要呈现你对特定专业议题的了解。这也会令你的潜在雇主印象深刻。

（4）设法增效——或许你可以和人脉村之中的所有成员一起合作，为你的专业领域带来新的发展。如果你能在自己热衷的主题上引发全球性的讨论，那任何事情都有可能发生。比方说，一位热衷于婚纱摄影的科学家设立了一个博客，提供摄影和剪辑的窍门、评论新款相机以及分享相册等。他的博客经营得很棒，吸引了成千上万人点击。如今他开展了婚纱摄影事业，可说是无心插柳柳成荫。当你开始建立自己的人脉村时，就可能产生种种有创意的新的可能性。

3. 从教中学

这听来或许有违常理，不过要学习如何为自己开创最佳职业生涯，最好的办法就是去教导别人怎么做。任何有过此经验的人都知道，在这类状况下，指导者学到的远比受教者多。如果你能找到一位准备投入职业生涯发展的同事、朋友或家人，把自己的所知倾囊相授，你会发现自己对这方面的了解程度因此变得更深入了。

在指导的时候，要鼓励对方多向你提问。回答问题不仅有助于你厘清自己的思路，还可以帮你发掘出未来值得一试的新构想。用全新的观点去审视既有问题，效果有时会好得令人惊奇。

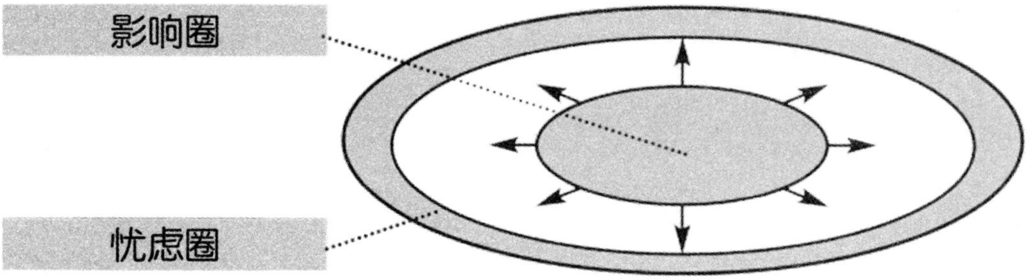

指导还有一个后续效应，就是可以拥有“影响圈”。影响圈包含你带进人脉村内的所有成员以及你所获得的专业知识、工具和资金，还有你可用的各种资产。开创最佳职业生涯，其实也就是在拓展自己的影响圈。

在你影响圈的外围，还有一个更大的“忧虑圈”。忧虑圈包含了各种有碍你个人职业生涯成功的因素，包含了对经济状态的忧虑、对自身技能因科技进步而过时的忧虑，以及对目前公司财务状况的质疑等。

大多数人都会掉进陷阱，被忧虑圈打倒。比较理想的办法是，专心经营你的影响圈，在其中投入最大的心力。随着它日渐壮大，忧虑圈自然就不会是问题。指导别人是做到这点的绝佳办法。当你帮别人设法拓展他们的影响圈时，你会发现自己的影响圈也随之扩大。

关键思维

你无法凭一己之力达到任何真正有价值的成果，这是毋庸置疑的，最起码在职场上是如此。你在打造人脉村时持续不断投入的心力会显出它的好处的，你不但会在职业生涯发展上有所收获，还会得到个人满足感。你会养成服务的习惯，而这正是最佳职业生涯的基础。以综合效益为出发点，向人生中最杰出的对象学习。当你需要他们时，他们会伸出援手，因为你也曾帮过他们。

——史蒂芬·柯维　珍妮弗·柯洛西莫

除非人生充满意义，否则不会伟大。而且，如果没有充满意义的工作，人生就不会有意义。

——吉姆·柯林斯，管理学大师

四　熟悉求职程序

有太多人都在用最普通的方式找工作，但如果你真心希望找到真正适合自己的工作，就必须更聪明些。你必须具备下列 3 项要素：

1. 量身打造的简历

回想过去，通用版的简历就够用了。这类简历都是以自己为主，把技能、学历和经历列出来。这些就像是给你的潜在雇主看的产品编目，必须基本一致，才好用来应征各种职务。

今天，要想在信息时代谋得一职，你需要有为求职公司量身打造的简历，而不能用通用模板。量身打造的简历具有以下几大特色：

◎ 量身打造的简历是专为单一潜在雇主而设计的。

◎ 你的简历是在充分研究你要应征的公司

之后所得出的成果。

◎ 量身打造的简历会反映出目标公司的使命与价值观。

◎ 量身打造的简历要具体。与其说“增加潜在顾客名单，并降低营销成本”，不如加进更详细的说明：“把原本只有每周不到30个的潜在顾客提升到238个，同时让营销成本降低9%。”

◎ 由于量身打造的简历是以特定职位为考量的，因此它需要撰写与专门设计，强调自己在该职位要求的方面所具备的特殊经验与能力。

◎ 可以提供简短的自我介绍，列出自己的技能，使得任何人都能在10秒钟内了解你的长处。

◎ 纳入自己特别挑选过的重要职业生涯成果。

◎ 量身打造的简历不包括个人的兴趣、爱好以及推荐人等。那些东西可以等之后面试时视情况再提及。量身打造的简历，只包含必要的相关信息。

◎ 量身打造的简历要简短，1 页即可。你也可以视情况，再加上另一页来更详尽地描述你的成就。

如果你要竞逐某个特定职位，量身打造的简历会比通用简历效果好很多。如果你认识该组织的某个人，或许还可以省略一般的应征程序。如果是这样，你可以加强量身打造的简历，进一步提出所谓“高度量身打造的简历”。

高度量身打造的简历包含：

◎ 一份摘要，说明就你所知该企业招聘新人所想要解决的问题。

◎ 拟好的贡献宣言，也就是问题的解决方案。如果你被录用了，这就是你提出的问题解决方案。

◎ 一份简短的说明，详述你的资历，让人相信你确实能达成你所提出的解决方案。

◎ 详述你以往为其他企业解决类似问题的

记录。

显然，高度量身打造的简历锁定的是单一职位以及单一决策者。简历的内容则是广泛研究与分析的结果。实际上，高度量身打造的简历就是一封期待施展才干的书面说明信。

要提高你运用高度量身打造的简历的成功机会，要做到以下几点：

◎ 一定要从你预计达成的盈余绩效开始。

◎ 对于问题以及提出的解决方案，必须非常具体明确。

◎ 把一切量化——利用该公司的真实数据，但千万不要用到任何机密信息。

◎ 恰如其分地详细说明你提出的解决方案。

◎ 所有内容都要用来证明你可以创造的价值。

◎ 着重于见到效益的时间，以及评量的标准。

切记，只有在你做了充分的研究，又跟该公

司内部人士关系良好的情况下，你才可以用高度量身打造的简历。符合这两个条件，你才能去竞争。而赢得你想要的职位，则是另一项挑战。

关键思维

你可以用这种方法创造出工作职位，即使是在企业并没有招人意图的情况下。如果你可以针对企业所重视的问题提出令人信服的解决方案，那么企业就会拨出资源来聘请你。

——史蒂芬·柯维　珍妮弗·柯洛西莫

旧的工业时代模式告诉你，你必须受经济、产业、老板、岗位要求、标准作业程序以及其他一些因素所支配。但话说回来，如果采取信息时代的模式，你就能释放自己。你不是在找工作，而是在找有待解决的重大问题或是可以好好利用的机会。你是一个有思想、有创意的人，拥有独特又无可取代的天赋。你可以做出无人能及的贡献。

——史蒂芬·柯维　珍妮弗·柯洛西莫

2. 绝佳的求职信

求职信就是一个机会，让你能介绍自己、提供简历、说明为什么要应征这份工作以及请企业给你面试的机会。有效的求职信能够顺利开启对话。

跟简历一样，通用型求职信已经过时。今天的老板希望看到的是有吸引力的求职信。把你的求职信当成一个提案，强调你想做的贡献。

你的求职信，最好要按照类似简历的方法来撰写：

（1）先简述你潜在雇主所面临的问题或机会，说明你计划如何帮公司解决问题，至少也要把握那个契机。通过数字来让求职信更具意义。

（2）提供证明你以往曾解决过类似问题或者有足够的资历来解决问题的证据。要包括所有能证明你专业能力的具体案例。

（3）不要忘了最基本的事情。写上你的联系方式，并且请对方给你面试的机会，以便提供更多解决方案的相关信息。

因为现在时间宝贵，所以你必须用一张信纸把话都说清楚。这表示，你必须在事前组织好所有想法，直指重点，这样才不会乱枪打鸟。要集中、明确并清楚地表达你希望对方接下来做什么。

要记住，你的最终目标是要让人觉得你是问题解决者。你的求职信是一页纸的简介，你要在这一页纸中说明所要提出的解决方案，以此来建构求职信的内容。你要传达出自己是个有活力的、能够独立思考的问题解决者这一理念。要让负责招聘的人读完你的求职信后决定要当面谈谈。你的求职信就是要着重于赢得面谈机会，如此而已。

最好可以亲手将求职信交给决策者。亲手交付的提案一定会更受青睐，而且更有机会获得面试机会。要尽全力达成这个目标。

关键思维

如果你已经做到这一切但还是找不到工作，该怎么办？这就是该为自己创造工作机会的时候了。开设博客、制作播客、在网站上发布新闻稿，以此呈现自己所得的经验和信息，进而成为所在领域内某个方面的专家。当大家认识你后，你就会成为他们的资源，一项最终有人愿意付费取得的资源。这也正是充实自己技能的时候，而这会开启你求职的机会。采取主动，如果你无法获得面试机会，那只不过是你还没向合适的对象提出合适的议题罢了，要持续努力。

——史蒂芬·柯维　珍妮弗·柯洛西莫

3．一流的面试表现

当获得面试机会时，你在心态上要认定自己是个问题解决者，而不是应征者。事先询问是否可以让你在面试时提出几个设想，然后借此机会努力展示你的学识与才能，展现自己对他们面临的问题的了解。面试也是个绝佳的机会，让你可以深入了解公司，同时也证明自己已经把问题思考清楚。

面试时要切记以下几点：

◎ 如果你还在研究自己想要解决的问题，那么就用第一次面试来搜集实据。然后询问是否可以再次面试，并根据你研究所得做一次简短的口头报告。

◎ 尽量在事前想好自己运用技能让之前的公司获益的实例。要准备好对每一个案例做简要说明。

◎ 一定要努力想出面试官会问你某些事情的原因。如果他们问："告诉我你过去运用这项技能的例子。"简明扼要地回答，然后反问："听起来这个问题对贵公司很重要，能否多告诉我一点？"随时设法取得更多信息。

◎ 回答面试问题有个好办法就是运用STAR手法：

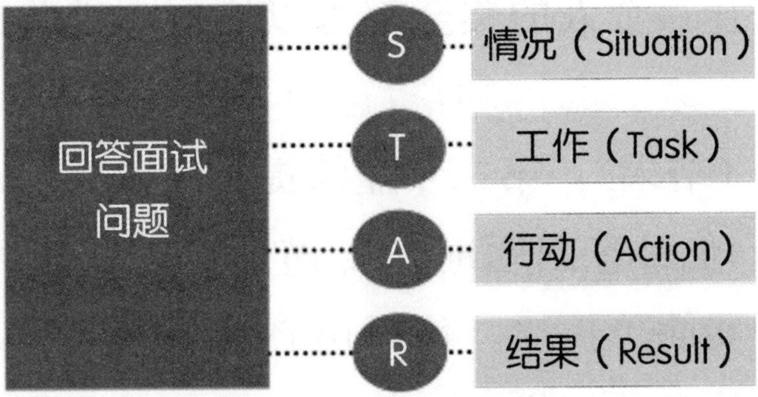

假设面试官跟你说："谈谈你过去在工作上遇到冲突的状况以及你的应对方式。" STAR 模式的回答会是：

S（情况）：我的优点之一就是，我擅长做明智的决定。有一次我领导一个业务团队，当时公司希望想出，团队是应该根据地域还是根据大客户来划分。这是一个让所有人选边站的议题。

T（工作）：我被指派去研究这个问题，并做决策。

A（行动）：我的分析显示，根据大客户来划分业务团队会更有效，因为这样可以让合适的业务团队全心全意去服务最合适的大客户。我还让所有唱反调的人了解到这么做可以让公司获利提高，让每个人的奖金都可以增加，借此说服了他们。

R（结果）：第二年业绩提高了1/3。

◎ 在回答问题时，要谨慎以对，不要随意闲聊。要简单扼要，然后用心倾听。切记，这是个搜集信息的好机会。

◎ 在面试中，要经常停下来问面试官："这项信息有用吗？我有没有提供你所想要的信息？"这么做可以展现出你很重视面试官的看法，而不是只顾自己想要达成的目的。

职业生涯资本胜出法则

技能比热情更能帮你找到喜爱的工作

So Good They Can't Ignore You

Why Skills Trump Passion in the

Quest for Work You Love

原著作者简介

卡尔·纽波特(Cal Newport)，乔治城大学信息科学助理教授。本书是他的第4部著作，是关于逆向思考的职场建言。他的著作和想法曾获《纽约时报》、《华盛顿邮报》、《华尔街日报》等多家媒体报道。他经营的博客“研究黑客”(Study Hacks)，以“开启成功模式”为宗旨，每个月吸引逾10万点击量。毕业于麻省理工学院和达特茅斯学院。

本文编译：乐为良

主要内容

5分钟摘要　做好工作胜过找到好工作 / 169

轻松读大师　一　别跟着你的热情走 / 172

二　好到没人能忽视你
——技能的重要性 / 178

三　拒绝升迁
——控制的重要性 / 190

四　心愿要小，动作要大
——使命的重要性 / 197

专家解读　创造职业生涯价值，做职场常胜军 / 207

5分钟摘要

做好工作胜过找到好工作

幸福要靠自己寻找。你的老板没有必要给你挑项目的自由，也不会让你每隔4天就跑去海边小屋写小说。这些待遇都很珍贵。要得到它们，你得练就同样珍贵的技能，累积自己的职业生涯资本。

为什么有些人能创造成功，愉快并且有意义地生活和进行事业，而有些人却不能？

按照一般流行的说法，成功的关键是“跟着热情走”。也就是，做你所热爱的事，钱财自然会以某种奇妙的方式滚进来。这个想法的问题在于，它对初次就业的人来说并不实际。老板雇用你是为了完成他愿意付钱请你来执行的任务。无论你是否喜欢这份工作，或这份工作是否依循了你的热情，都无关紧要。

不必想方设法寻找跟自己爱好相符的工作，反之，你要努力累积职业生涯资本。一旦你有雄厚的职业生涯资本，便可通过其中一些资本掌控你从事的工作，然后去做重要的事。这是打造完美职业生涯的聪明之道。

不必去找真正能让你寄予热情的工作，而是专心把自己变好，好到没有人可以忽视你。

传统思维

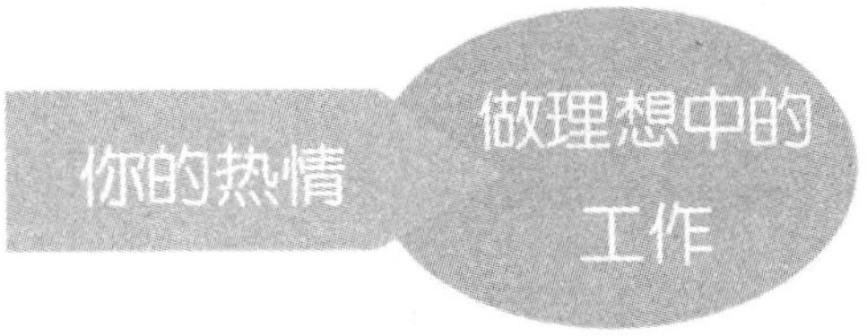

较佳做法

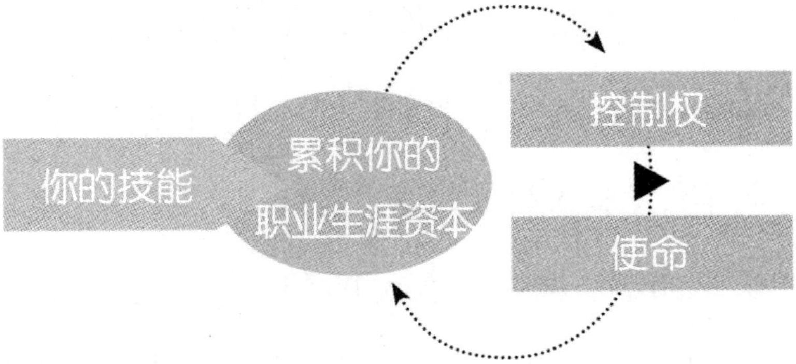

关键思维

传统思维认为的事业成功之道——跟着热情走，其实大错特错。这种说法不仅没有解释事业有成者到底是怎么成功的，还给多数人帮了倒忙，导致他们在现实与理想间产生必然的差距时，只能不停地换工作并焦虑不已。把工作做好比找到合适的工作重要，这个想法很简单，却极具颠覆性，因为它颠覆了社会上流行了数十年的职场建言，而后者完全是在强调热情的神秘价值。这个简单的想法让我们从一夜之间工作就变好的白日梦中惊醒。我希望随后的一些见解能让你不再受限于简单的流行语（如“跟着热情走”和“做你所爱”）所造成的错误观念。反之，我要提供给你实实在在的路径，让你能迈向有意义且吸引人的职场生活。

——卡尔·纽波特

一　别跟着你的热情走

很多人这一辈子听到的有关幸福职业生涯的关键就是工作要与自己的热情相匹配。但除了极少数情况外，这套理论完全行不通。如果接受了这套热情假设，你对自己的工作到头来多半不会满意。简单一句话，“跟着热情走”是个糟糕的建议。

史蒂夫·乔布斯2005年在斯坦福大学的毕业典礼上发表演说。在整场演说进行到2/3左右时，乔布斯说：“你必须找到你所爱的东西。做大事的唯一方法就是热爱你所做的事。如果你还没有找到，继续寻找，不要安于现状。”该届23000名毕业生因这席话而起立鼓掌。

对许多人来说，这种职场建言十分诱人，它的结果基本上也是每个人想要的。乔布斯此次演讲的视频在 YouTube 上已被观看 350 余万次，几乎每则相关报道都会提及“史蒂夫·乔布斯鼓励毕业生追求自己的梦想。”概括起来，可称之为“热情假设”：

热情假设

幸福职业生涯的关键在于先想清楚你喜欢什么，然后找到符合某一项或某几项热情的工作。

热情假设可能是现代社会最持久也最普遍的观念，数百本由一群自称大师者所写的书依据的就是这一假设。而有些人则对此表示绝望，因为他们无法找到可以让热情得以延续的工作。

这里面暗藏一个问题：当你跳过这句迷人的口号，深入探索充满热情者如乔布斯到底是如何起家时，或询问科学家幸福职业生涯究竟如何预测时，事情就变得非常复杂。一旦开了头，你发现了蛛丝马迹，去求证那些言之凿凿的热情假设后，最后必然不得不窘迫地承认：“跟着你的热情走”很可能只是个糟透了的建议。

例如，史蒂夫·乔布斯从来没有立志要开设科技公司或改变世界。他和好友斯蒂夫·沃兹尼亚克将电路板卖给那些在家组装电脑的人，目的不过就是想赚些钱，好让乔布斯给洛斯阿尔托斯禅宗中心付学费。当时店家表示不想花50美元买一块电路板，宁愿以一台500美元的价格购买50台组装好的电脑，乔布斯和沃兹尼亚克抓住了这个机会，苹果电脑也因此而诞生。

如果年轻的乔布斯采取他自己的建言，决定只追求自己所爱的工作，今天的他很可能是洛斯阿尔托斯禅宗中心最受欢迎的讲师。但他并没有遵照这个简单的建言去做。苹果电脑绝对不是因为热情而创建的，而是拜运气所赐——一个“微不足道”的计划，没想到真的发了。

乔布斯实际上没有跟着自己的热情走这个事实，应该不会令人感到意外，因为在现实中，热情原本就很罕见。在现实世界中建立职业生涯一直是个混乱和令人困扰的过程，充满模棱两可、错误的起步和其他干扰因素。事情往往会有阶段性发展或者突飞猛进，而不是照着宏伟的计划进行。人们常会无意间跨入某专业领域，然后发现自己在这方面确有本事。事实上，所有引人注目的职业生涯最初都很复杂，通用的“跟着你的热情走”这一说法不见得多么有效。如果你热爱一件没人在意的事情，然后想在这个领域打造可持续发展的事业，即使能成功也不会太容易。

通过审视热情假设对大多数人职业生涯的影响，研究人员得出以下几个结论：

◎ 真正在事前就对工作存在热情非常罕见。一项针对加拿大大学生的研究显示，只有不到4％的学生对特定职业拥有热情，与总人口比例大致符合。

◎ 耶鲁大学一项组织行为学研究发现，对工作最充满热情者往往是那些工作时间足够久，同时表现杰出的人。结果显示，热情往往需要经过一段时间才会表现出来，但它并非卓越的先决条件。

◎ 一项在40年前进行的、被称为“自我决定理论”的人类动机科学研究也得出相同的结论：如果对某件事很在行，你就有可能对它产生热情。如果花时间让自己在某件事上变得特别拿手，这种能力便可能带给你自主权，让你觉得自己可以控制每天的工作内容，并且觉得自己的行动很重要。

对职场新人来说，“跟着热情走，你会马上找到幸福”这一说法是很危险的。如果无法明确找到想要的东西，他们很可能陷入长期不断跳槽和严重自我怀疑的状态中。他们将因为不满意自己的工作而力不从心，但又不知道下一步该怎么做。

请牢记，工作时的快乐是副产品，不是目的本身。你越努力想热爱自己所做的事，到头来你越不会真正喜爱它。无可否认，确实有一些人热爱使他们养家糊口的工作，那份工作也与他们的热情相符——美国大约 5000 名职业运动员属于这一类，但他们只是少数。对于绝大多数人来说，跟着热情去找工作不但不切实际，反而非常危险。

二　好到没人能忽视你
——技能的重要性

舍去热情的心态（世界能给我什么）转为工匠的心态（我可以给世界什么），在自己的工作领域成为专家，累积珍贵职业生涯资本，然后就可以用它来打造你喜爱的事业。

关键思维

给有心成为好演员的人提建议？从来没有人在意过我的建议，因为那不是他们希望听到的答案。他们想听到的是“怎样找到经纪人”或“怎样写剧本”……但我总是说：“让自己好到没人能忽视你。”如果某人能想的是“怎样让自己变得好到不行”，人们就会来找你。

——史蒂夫·马丁，美国演员

有两种方式可以检视你的职业生涯：

对工作采取热情方式的人，特别在意别人如何看待自己，担心别人是否认可自己的工作。反之，采取工匠心态的人则只关心如何把事情做得更好以提高附加价值。他们会尽可能花时间把细节做好，提升自己工作的价值。

关键思维

不管你从事哪种类型的工作，工匠心态才是打造你喜爱的职业生涯的关键所在。工匠心态有开放的特质：它要你抛下以自我为中心的担忧，不要去管工作是否“刚好符合”，而是埋头认真把事情做到最好。工匠心态认为，没人欠你一份好工作，你必须自己去争取——尽管这并不容易。你不应该只是羡慕工匠心态，而是该去效仿它。换句话说，我建议你放下工作要靠热情这种心态，把注意力放在如何把自己变得“好到不行”上，让每个人都无法忽视你。也就是说，无论你靠什么谋生，做一行就要专一行。

——卡尔·纽波特

当你在很长一段时间内持续采取工匠心态，你实际上是在增加和深化你的“职业生涯资本”储备。

而职业生涯资本究竟是什么？可以这么说：

◎ 每个领域都有一些具体特质可以用来描述和定义卓越。那些一流的工作者都能掌握这些特质。

◎ 这些特质稀有罕见，因此非常珍贵。

◎ 要拥有这些特质，你必须付出代价去学习和练习，直至最后能表现出来。你必须不计代价让自己成为所在领域中的巨匠。

关键思维

如果目标是尽可能地累积职业生涯资本，那么努力专注于自己的工匠心态，正是你该具备的心态。说穿了，这就是我提倡工匠心态而非热情心态的原因。这不是要在热情或努力工作之间来场哲学论证——我极度务实：你必须做得好才能在职业生涯中得到好东西，而工匠心态就是专注于实现这个目标。

——卡尔·纽波特

工匠心态不在乎你从事哪种类型的工作。几乎所有工作都可以用它来累积职业生涯资本，奠定非凡职业生涯的基础，但有3个明显的例外：

（1）如果在你的工作中没有什么机会能让你培养卓越的技能，那你便无法累积职业生涯资本。

（2）不能把工匠心态用在那些你认为对世界无益或有害的工作上。

（3）如果这份工作迫使你与非常讨厌的人一

起合作，那你就无法累积职业生涯资本。

那么，你要如何累积职业生涯资本？关键在于一种叫做“刻意练习”的方法，其基础规则是：想在各种活动中有卓越的表现，你必须准备投入至少一万小时的练习，先掌握该领域中的所有基础技能。

一万小时规则认为伟大成就不在于天赋，而在于要想让自己的专注水平达到一个状态，必须先进行大量练习。一些著名范例包括：

◎ 比尔·盖茨刚好就读于美国第一批安装了电脑并且允许学生自由使用的学校。

◎ 莫扎特的父亲对他的钢琴练习要求十分严格。在莫扎特成名前，他的练琴时间是同龄人的两倍。

◎ 在扬名国际前，国际象棋棋手博比·菲舍尔用心下了 10 年的国际象棋（相当于一万小时的练习）。

有关一万小时规则的一项重要要求就是，练

习必须是在一种叫做“刻意练习”的情况下进行的。如果你花了一万小时力求表现，却一次又一次地犯同样的错误，这时你就进入无法跨越的高原期，怎么做都不会进步。累积职业生涯资本不只在于花更多时间，你还必须有个改进的策略，而那正是刻意练习能帮上忙的地方。

那么，什么是刻意练习？这是种简单的培训理念，即在专业教练的指导下，扩展你的能力。大致情形如下：

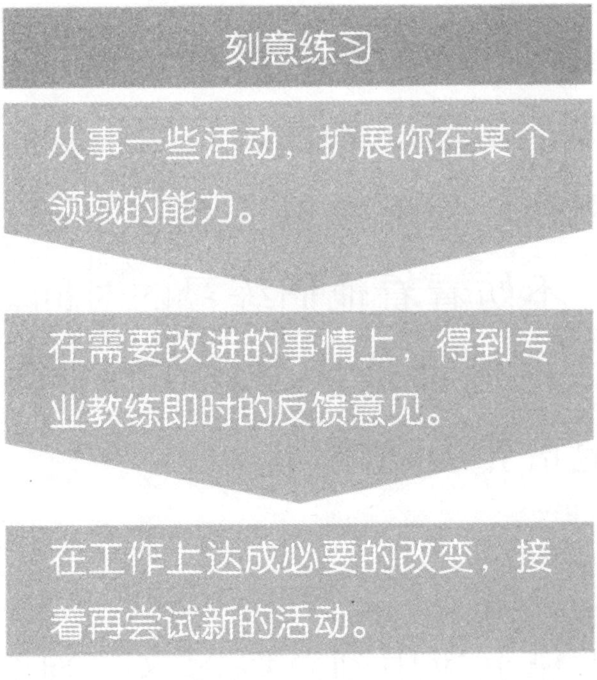

正如字面意思所示，刻意练习的精神就在于接受系统的安排，改善你在专业领域内的表现。通过从事可以扩展能力的活动，强迫自己变得更好，从而超越自己的极限。你会利用到别人（教练团队）的专业知识，因为他们知道如何做才能让你表现优异。

关键思维

很多研究显示，刻意练习在很多方面都有突出表现，包括国际象棋、医学、审计、电脑程序设计、桥牌、物理、体育、打字、杂耍、舞蹈和音乐等。例如，如果你想了解专业运动员的天分来自何处，不妨看看他们练习的时间表——几乎无一例外，他们都是从小就在专业教练的指导下，系统地培养运动能力。

——卡尔·纽波特

想在工作上应用刻意练习这一概念以获得职

业生涯资本，你应该依次使用工匠的5个习惯：

（1）确定自己处在哪种职业生涯资本市场——职业生涯资本市场有两种类型：赢家通吃与拍卖市场。在赢家通吃的市场中，只有一种活动受到高度重视，这就是你必须很擅长的地方。拍卖市场则重视不同类型的职业生涯资本，在不同的领域中努力取得各种非凡技能，能够推动你前进。常有人误把赢家通吃当成拍卖市场，所以为了专注于人们真正关心的项目，你首先要有明确的观点，然后再设定相关的目标。

（2）找出你必须追求的特定职业生涯资本类型——在赢家通吃的市场上这件事很简单明了。拍卖市场则较有弹性，因此你必须去寻找可以被称为“敞开之门”的东西——个人背景与经验所提供的累积资本的机会。这些敞开之门很有用，因为它们能提供快速获取职业生涯资本的机会。

（3）找出该领域中所谓“优秀”或“世界一流”的定义——因为要想让刻意练习起到作用，

你必须设定追求的目标。虽然它有时会有点模糊，但那也是可以预测的。你对优秀表现与卓越表现的定义，会随着时间推移而不断发生变化，但必须先厘清在你的领域中成功与终极的出类拔萃所指为何。

（4）集中且有目的地进行拓展活动，尽管它们并不那么让人舒心——因为这些活动将迫使你跨越其他人停滞不前的高原状态，同时让你在工作上变得非常优秀。接受拓展能力的困难挑战，从事其他人回避的艰难拓展活动，对此进行自我督促，寻求残酷但坦诚的反馈意见。

（5）要有耐心——在达到世界一流的水平之前，你可能会有好几个月甚至几年时间表现平平。获取职业生涯资本总是需要时间和努力。要有耐心并且愿意持续不断地扩展能力。当你做到相当了得的地步时，人们便会开始注意你。

关键思维

做那些知道怎样做好的事会让人愉快，而刻意练习要求的正好相反……刻意练习最重要的就是专注和集中精神。这也是“刻意”与大多数人漫不经心地弹吉他或打网球的不同之处。

——杰夫·科文，《财富》杂志编辑

根据社会上的一些说法，诺贝尔经济学奖得主、理论物理学家理查德·费曼在高中进行智商测试时，智商只比平均略高一点。然而，从他的回忆录里，我们能找到他从智力一般变为天才的真相：他会一遍遍地研究重要论文和数学概念，直到能彻底理解那些概念为止。换句话说，他惊人的智力的确不是上帝的赐予，而是来自竭尽所能的刻意练习。受到费曼的启发，我认为把注意力集中到彻底理解个人研究领域里最困难的部分，会是累积职业生涯资本过程中很好的起步。

——卡尔·纽波特

作者卡尔以下列方式建构刻意练习：

◎ 卡尔选了一篇在他的领域经常被引用的论文，并彻底搞清楚。不管自己是否有进展，他每次投入一小时去做这件事。最终卡尔能够做出一份步骤概念图，说明论文中提到的问题是如何获得解决的。他大约花了 15 个小时的研究和分析才达到这个程度。直接的成效是，过去一些玄之又玄的论文突然变得清晰易懂了。

◎ 卡尔在电脑里保留着他命名为“研究圣经”的文件，存放每周阅读和分析研究的论文摘要、重点以及与之前研究的成果比较。他养成了留意事情发展的习惯，每周都有一个供刻意练习使用的案例。

◎ 除了电脑，卡尔还有一份“钟点记录表”——记录每个月花在刻意练习上的总时长。这个习惯促使他寻找新途径，把更多的刻意练习排入日程表。

◎ 卡尔买了一本价格昂贵的实验室记事本，

记录对新理论进行头脑风暴时出现的想法。他通过在笔记上标注日期来展示新突破的发展过程。卡尔不惜花重金购买笔记本，就是要表明他写在里面的内容很重要。

虽然这些点子不见得都适用于你的领域，但刻意练习大致就是这样的。长期这么做是很费力的事。但你可以通过进行拓展活动来打造你的职业生涯资本并保留住它。

请注意，正如之前所提，教练或者专家意见也是刻意练习不可或缺的一环。你需要能帮你开发潜能的人给你建议，累积更多的职业生涯资本。这种反馈意见非常宝贵。

关键思维

把事情越做越好是很重要的，而这需要尽力去刻意练习。这是一种不同的思考方式，一旦你接受它，它就会对你的职业生涯轨迹造成深远的影响。

——卡尔·纽波特

三　拒绝升迁
——控制的重要性

拒绝升迁，如果它会让你远离现有的且能掌握的事。你喜爱的工作最重要的特征之一就是，你能决定自己的工作内容、工作方式以及工作伙伴。累积职业生涯资本，直到你有足够的筹码争取自主权。此时的关键是“做人们愿意付钱的事。”

可以决定自己的工作内容和工作伙伴是打造喜爱工作的要件。康奈尔大学研究人员针对 300 多家小型企业进行了一项研究，半数公司让员工有更多的自主权，另一半则不然。他们发现让员工自主的公司业务增长速度是后者的 4 倍。

与此方法相似，现在有些公司接受一种名为“只论成果的工作环境”或简称 ROWE 的新方法。采用 ROWE 的公司，一切只问结果，也只检测结果。员工可以自由选择上下班时间，自行组成合适的工作团队。百思买的总部推行ROWE原则，结果员工流失率下降90%。盖普服装公司也在企业总部实验ROWE，得出的结论是80%的员工认为更有参与感，90%的人觉得ROWE提高了他们的生活品质——真是了不起的结果。

那么如果你并不在推行ROWE的公司工作，要如何取得更多自主权呢？答案很简单，就是动用你累积的职业生涯资本来换取更多的掌控力。然而，要做到这件事会遇到两个潜在陷阱：

（1）没有职业生涯资本作为后盾所取得的控制权不长久。

控制权很吸引人。有时候，人们甚至在大学辍学，以期能完全掌控自己的事业。还有些人舍弃有前途的工作，自主创业以求有更多的控制权。这么做的问题是，如果你不小心，最后只会落得徒具好的生活方式，但没有足够的收入来保证你做些有趣和吸引人的事。

这就是为什么必须要先累积职业生涯资本再尝试获得更多控制权的原因。在自主创业前，如果你能在某方面很在行而在这方面在行的人又比较少，那就很有价值，表示你有能力创造收入来做你实际想做的事。若没有这些收入，你最后换来的只是完全自主的幻影。

关键思维

我发现能成就伟大工作的事物既罕见又珍贵。如果想在职场生活中得到它们，你就必须回报同样罕见且珍贵的事物。换言之，你必须在某方面很拿手，然后才有希望得到一份好工作。

如果只想要控制权却没有资本，最后只会是享尽你可以掌控一切的自主权，但买不起下一顿饭。

——卡尔·纽波特

（2）当你拥有足够多的职业生涯资本掌握控制权时，顶头上司却不想让你走。

让人感到讽刺的一点是，当你手上没有太多职业生涯职本时，根本没有人在意你在职场上做了什么，因为你可以被轻易取代。然而等你累积了足够的职业生涯资本去做些有趣的事情时，你很有可能变成老板手中的王牌，他反而不愿意放手让你做其他的事情，这样你就会被困在目前所做的事情上。

仔细想想，第二个陷阱完全合理。在职场争取到更多的控制权对你有利，但对老板很可能没有直接的好处。例如，每星期改为上 30 小时的班，可能让员工有更多自由从而离开越来越叫人窒息的工作环境。但是从雇主的角度来看，这只会降低生产效率。换句话说，你应该可以预见大多数工作上的雇主并不愿意让你拥有更多的控制权，他们有各种诱因去说服你把职业生涯资本投入到他们的事业上以换取更多的金钱和声望，而不是控制权，对此你可能很难说不。

要想看清楚你的职业生涯以免落入这些陷阱，最佳经验法则就是，当有证据证明你可以做出人们愿意付钱的东西时，你应该只寻求更多的控制权。

这点也被称为“财务可行性法则”：当你在决定是否接受某个吸引人的诉求时，先找出证据证明人们是否愿意花钱买你产出的东西。如果愿意就接受，否则往下走。

关键思维

金钱是价值的中性指标。把目标设定在赚钱上，你想要的无非就是让自己有价值。我对金钱有个高于其他生活规则的原则：做人们愿意付钱的事。如果你正在为一个点子努力筹集资金，或者你打算以不相关的工作来支持你的点子，那么你得好好重新考虑这个点子。

——德雷克·西弗斯，CD Baby 创办人仔细思考这个法则，我发现它适用于各类在工作上成功获得更多控制权的人。想理解这点，就要注意，“愿意付钱”的定义时刻在变。某些情况下，它就是字面的意思，即客户付钱买你的产品或服务。但它也可能意味着贷款被批准了，接受外来投资，或者更多时候意味着说服雇主雇用你或继续发工资给你。采用这种灵活界定的“付钱”定义，此法则就可以适用于很多场合。

——卡尔·纽波特

如果想以聪明的方式争取自主权，你应该在行动前考虑“有人愿意雇用我，或付我钱做这件事吗”这个简单的标准。如果你累积的职业生涯资本够多，你甚至会发现，现任老板会为你破例，不去理会标准政策而想尽办法挽留你。如果遇到这种状况，那么你就处在非常有利的位置，能够为你每天做的事取得更多控制权。

关键思维

结论是，如果志在一份你热爱的工作，那么第一步就是取得职业生涯资本。下一步则是把资本投入界定优秀工作的特质上。控制权则是你可以从这项投资中选择的最重要的目标之一。

这与赚钱无关，而是把钱当作“价值的中性指标”——一种确定你是否有足够的职业生涯资本来追求成功的方式。财务可行性法则可以让你从高处审视自己争取控制权的能力。不论你是在考虑新创一家公司还是在企业内接下新的职务，此法则都适用。除非有人愿意付你钱，否则它就不是你该去追求的点子。

——卡尔·纽波特

四　心愿要小，动作要大
——使命的重要性

有了足够的控制权或自主权后，便要找出统一的使命来开展自己的事业。如果在拥有足够职业生涯资本之前尝试这么做，你肯定支撑不下去。很少有人能马上做到这一点，因此你要准备好探索各种具有可能性的小赌注，直到得出一个强而有力的使命。有了使命感后，你就可以开始做些出色且值得重视的事。

在前述法则中，我认为“跟着热情走”是糟糕的建议，因为多数人不是天生就存在已有的热情等待被发现。如果你希望热爱你的工作，你必须先累积“职业生涯资本”，掌握独特的技能，然后把这些资本运用在好工作必备的特质上。使命感是让人渴望的特质之一，就像其他吸引人的特质一样，也需要先累积足够的职业生涯资本才能支持——没有资本支持的使命感，注定会昙花一现。但光靠资本不足以让使命感成真。很多人对他们做的事很在行，但都没有把事业往非凡成就的方向推进。使命感是职场生活中强而有力的特质，但它变幻无常，需要用心呵护才能成真。

几乎每个人都希望做有意义的工作——有机会改变世界。史蒂夫·乔布斯称这是“在宇宙留下痕迹”，其他人则称这样的想法是使命感。

使命感要求你对自己的事业要有深入的认识。它比某项具体工作涵盖面更广，跨越多个领域。它能够回答你一生中该做什么这一问题。强而有力的使命感可以让你集中精力去实现目标，转而扩大对世界的影响力，这是你喜爱自己工作的一个关键因素。那些感觉自己事业真的很重要的人，比较满意他们的职场生活，也较能对抗困难工作带来的压力。熬夜替企业客户打官司以便省出几百万美元，很容易让人筋疲力尽，但熬夜研究治疗一种古老疾病的方法，则可以让你越干越精神抖擞。

那么要如何选定自己的使命呢？你可以从那些想在自己研究领域有所突破的科学家身上找到方法——为了实现目标，首先他们要走在领域的前沿，然后才能发现与其相邻的可能空间充满的奥秘。

关键思维

优秀的使命与科学突破相似——二者都是在工作领域中寻找相近的可能性并加以创新。因此，如果你想选定事业的使命，必须先走到前沿——那里是唯一可以看到使命的地方。

——卡尔·纽波特

只有来到领域的前沿，才可能看到与其相邻的可能空间，也就是创新的点子和充满活力的使命最常出现的地方。在此之前想找到使命，等于缘木求鱼，你不可能找到有力的事去做。你要先掌握自己擅长的东西，然后才能知道如何扩展它的极限。

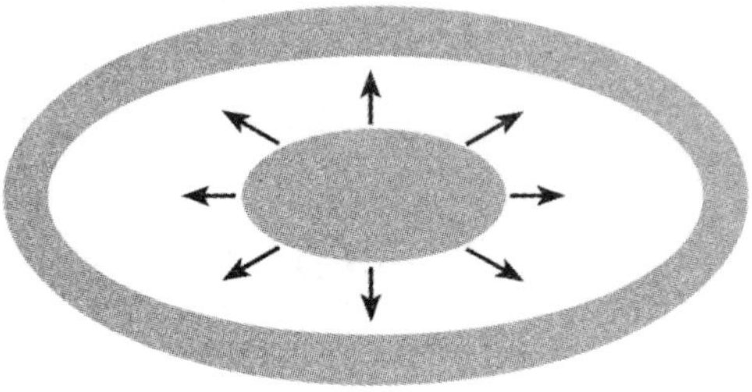

不妨这么想象：在你的领域，大家都熟知的事情可以用椭圆来表示。这个椭圆形的边缘就是你专业领域中已知可行和正确的前沿。要有个强大且活力十足的使命，就得把重点放在想出新点子上，而且落脚在领域中最边缘外的白色空间。如果想拿出新点子，等于把边缘再向外推。这个过程中不允许有任何偷懒，否则迟早会被真正从事创新的人超越。

关键思维

多数热爱自己工作的人之所以能有现在的成就，都是先累积职业生涯资本，再把资本投入到可以决定什么是优秀工作的特质上。贴近领域的前沿可以理解成：通过这个过程打造独特的技能，累积你的职业生涯资本。同样，来到前沿寻找令人信服的使命，也可以视为把职业生涯资本投资到事业中以换取你渴求的特质。换句话说，使命感是活用职业生涯资本理论的另一个例子。如果你想拥有使命感，就要先获得足够的资本。如果跳过这一步，你最后可能徒有许多热情，却乏善可陈。

——卡尔·纽波特

要通往领域前沿，首先必须“心愿要小”。你必须在很长一段时间内专注在少数几个主题上，靠竞争力和技能累积职业生涯资本，直到你对它们非常在行。然而，一旦你位居前沿，就必须“动作要大”。你必须在看得见的白色空间里，在各种相似的可能性中争取值得注意的东西。如果没有依照这个顺序，你就不太可能提出令人信服的使命。

关键思维

我认为你的确需要热情才能快乐，只是我们不知道那个热情是什么。如果你问某人，他会告诉你他认为的热情是什么，但他可能搞错热情了。

——帕迪斯·萨贝提

哈佛大学进化生物学教授

替自己的生命和事业选定一个伟大使命，通常不是一个步骤，也无法一蹴而就。事实上，当在生命中设法累积相当数量的职业生涯资本时，你很有可能找到几十个潜在的使命。要确实把使命融入生命和事业，你还是得弄清楚如何把使命付诸实践。换句话说，你仍然必须弄清楚如何把理论应用到实际生活中。

当你的事业担负一个使命时，衔接理想与实践落差的策略之一是尝试许多“小赌注”——针对看起来很有前景的方向，做些细小且低成本低风险的尝试。尝试过很多不同的点子之后，对于可行的就继续做，无效的就舍弃。

从定义来看，这些小赌注不是身家性命，而是婴儿学步般迈向全新方向的一小步，通常需要1～2个月的尝试。如果成功了，你再继续往前。如果不成功，你也能得到有价值的反馈意见，迈往另一个方向，而不致消耗太多资源。

当打造小赌注的组合时，你要像市场营销人员一样思考。要让使命强大到足以支撑你的事业，你必须表现出色并脱颖而出。只是做得和别人一样好不足以支撑你的使命。

关键思维

你要么光彩夺目，要么毫不起眼。出色的市场营销是一门让事情引起注意的艺术。

——赛思·高汀，作家

只有在你的工作做得非常出色时，病毒式营

销才能自然地快速散布，这就是“出色法则”：要让带有使命的项目永远存在，必须在两个方面表现出色。首先，必须让接触过的人主动告诉他人这个项目有多好。第二，必须在一个令人惊艳的场合出场。

在职场上很难让使命成真。实际上你越是使劲去试，成功的可能性就越小。反之，你要耐心地累积职业生涯资本，同时不断反复检视你所在领域里的各种可能性。你必须不断寻找下一个好点子，一次又一次，直到点子成为思路的一部分。你还需要多进行头脑风暴然后接纳新点子，才能做成这件事。

保持出色就是形成以下 3 层金字塔：

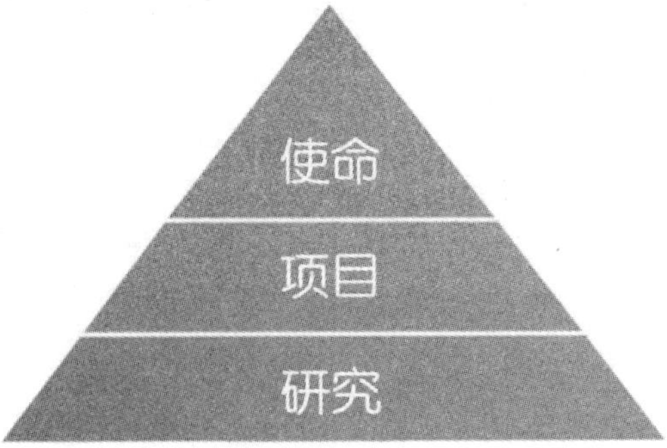

◎ 金字塔顶层叫做“使命”，表示个人想追求的工作类型。

◎ 金字塔中层——根据你的背景研究，开始做些小“项目”，探索有希望的点子和有前景的小赌注。给这些项目确定最后期限，然后继续可行的项目，同时摒弃没用的尝试。

◎ 金字塔底层是“研究”，是接触领域里所有已知的事物。通过看报纸、参加研讨会以及与相关领域的专家进行交流等，确保了解领域里最先进的思想。

关键思维

要热爱你赖以为生的工作，请遵循我所发现的法则。不要执迷于发现你的真实内心；相反，要掌握独特的技能。一旦你通过那些技能累积了职业生涯资本，就要聪明地应用它。用它来取得工作内容及工作方式的控制权，找到改变生命的使命并采取行动。相较于放弃一切遁入山林的修行，这种人生哲理显然不够吸引人，却是被再三证明可行的人生哲学。

——卡尔·纽波特

专家解读

创造职业生涯价值，做职场常胜军

文/郭来明

不用担心找不到自己的热情，只要先喜欢你的工作，发展工作所需要的专业能力，努力学习直到成为专家、成为达人，这时工作就会给你甜美的回报，让你拥有工作节奏的主导权，从而能够让你施展抱负，发挥所长，进而乐在其中！

也许是因为从事人力资源管理工作的关系，我常有机会到大专院校与同学们交流，在课堂上总会被问到：应该找什么样的工作？先到大公司好还是小公司好？应该如何做好自己的职业生涯规划……有些曾经共事过的同事或亲朋好友也常会征询换工作的意见：选择职位比较高的工作，还是薪资待遇比较好的职位？

从马斯洛的需求层次理论（生理需求、安全需求、社交需求、尊重需求及自我实现需求）来说，不管初就业的工作是否仅能糊口，每个人内心里其实都隐藏着一颗希望能有高成就感甚至满足自我愿望的心。但随着年龄的增长，开始有了不同的境遇：有人在十几二十年后，仍只能追求满足温饱的工作，但也有人逐渐找到自己生活和工作的价值，在职场中打造出精彩的人生。在同一起跑线上，每个人发展的差异有很大一部分原因来自认知的不同。希望通过本文的分享，可以给大家提供一个思路，协助有心人创造职业生涯价值，做职场常胜军。

解读 1　喜欢自己所选的工作

回想第一份工作，大多是我们从学校毕业后依自己的专业，逐一投递简历并前去面试得来的。在那个时候，有很多人其实还不知道自己的热情在哪里就一头投入职场，再从中找到兴趣，做出一番成就。

之前与一些大四学生交流时，常会给他们安排一些职业兴趣测验，也借机分享一些职场上的点点滴滴，让这些职场准新人可以为未来投入职场做些心理准备。几年下来，我发现大部分人其实也不知道自己的热情在哪里。所以说，与其追求热情，不如先从喜欢你的工作着手！

例如，鞭策自己赶快认识公司内所有人员，熟悉所有作业流程，半年内与所有一级主管进行接触……通过这样的方式，不仅可以让自己很快进入状态，而且还能提高工作绩效。得到别人肯定后自然就会喜欢这份工作！

如果不幸你对现在的工作有了倦怠感，切记，不要因为不满而离职！之前遇到过很多人因为老板提拔了另一个同事，或加薪、奖金不符合自己的期望，就递出辞呈。或者为了证明自己可以“活得更好”，就匆匆找了另一份“看起来不错”的新工作，隔不了多长时间，在当初的冲动消失后，发现新工作似乎没有原来的好甚至更差。为了能够赶快脱离困境，就匆忙地再换工作……此时宁可回到初衷，想一想当初应征这份工作的原因，想一想当初收到录取通知的心情，也许你能沉淀一下那颗骚动的心！

如果真到了要换工作的时刻，谨记要“归零思考”，重新思考什么工作可以帮你增加价值。要找那些可以给你提供可发挥的舞台或是能帮你的简历加分的工作！千万避免用“简单对比法”来找新工作。简单对比法就是“现在工作我在意的，就是我下个工作要找的”。我就遇到过有些人因为不喜欢前一家公司分工清楚、工作单纯轻松，想找一个忙碌不堪、整天加班的工作。

解读 2　成为工作领域的专家

工作能力并不是与生俱来的，必须通过不断的练习才能有所提高。从人力资源领域常用的“专业职能”概念来说，专业职能是可以训练的。在成为专家前，有些过程是必须要经历的。

你想在哪个领域发光发热，知道这个领域需要什么专业吗？同样是业务工作，有些产业的业务要的是丰富的产品知识以随时帮客户解决这方面的问题，有些产业业务则着重在人际关系的建立上，需要协调客户与供应商的关系，更有些产业的业务需要的是积极的客户服务，做到随传随到……不一样的专业能力需要不同的养成方法。要了解你的目标后才能开始自我培训计划。

其次，专业能力要从基础打起，必要时要强迫自己做些虽然不乐意但有帮助的事。有些专业必须从一些单调、例行性的工作开始才能打下厚实的基础。我曾遇到过一位财务部门的主管，研究生毕业后在某知名会计师事务所从事了好几年的查账工作。他自己也觉得，虽然查账这件事对粗心的男人来说是件很煎熬的事情，但那几年的查账经历让他学到了很多账务技巧，对他日后担任企业财务主管有很大帮助。

解读3　取得工作节奏的主导权

很多人喜欢当主管的原因是，主管可以决定很多事情：做什么，和谁一起做，什么时候做……其实相较于主管的权限，如果能做到如前述“专家”的阶段，或是当替代性很低的时候，自然就能争取到自己工作的主导权！

记得我刚接触人力资源这个工作时，有时老板会提供一些工作上的弹性：因为要配合客户的时间，所以某某业务主管可以自行决定工作时间，只要每个月把业绩交上来……对于初出茅庐的我来说，这样的恩典简直就是未来工作的典范了，真希望有一天自己当了主管时也能有这样的优待。

随着工作经验的累积以及对老板了解不断的加深，我发现老板对工作节奏的主导权其实还不如公司内的专家。虽说老板可以决定自己的上下班时间，但还是要由公司大客户的需求来决定，不像那些公司内的专家，因为公司需要仰赖其专业能力，他们反而可以在工作节奏上拥有更多的主导权。工作节奏主导权主要来自专业能力。专业能力丰富的专家拥有比一般人更高的可信度，所以在工作上会取得更多的主导权。

解读 4　相信自己工作的伟大

有一个故事是这样说的：从前有 3 个工人在砌墙，有个人走过来问："你们在干什么？"

第一个没好气地说："没看见吗？在砌墙，真是辛苦！"

第二个抬头笑了笑说："我们在盖一座高楼，只是现在才开始砌第一道墙，还有很多的活要做。"

第三个人一边砌墙一边唱着歌，他说："我们正在建设一座新城市，现在只是开始，你将慢慢看到一座城市的兴起……"

在工作中，要随时给自己使命感，对自己所从事的工作要有自豪感，相信自己的工作是有贡献的。

我曾经遇到过一位同事，当他还是公司内上百位经理中的一位时，他就不断地提议进行成本节约。他不止一次自豪地说："我每年可以帮公司创造上千万元的效益。"有这样的壮志与豪气，他自然是位热爱工作的达人，也是公司内表现突出的明日之星！随着工作范围的扩大，他的职业生涯发展当然水涨船高，目前负责好几个厂区的行政管理工作。猜猜他的使命是什么？“我的工作是使上万名员工及其家人衣食无忧！”大哉斯言！即使他不是老板，也已经有老板一样的胸襟了！

实战锦囊

很多时候，工作上的成就感来自同事的认同和主管的肯定，而这些认同或肯定的根源则是工作上的成果。所以往往有一种良性循环：通过好的工作成绩带来同事和主管的肯定，获得自己工作上的成就感；而因为满足了工作上的成就感，就愿意花更多时间投入到专业学习上。而努力学习又能带来另一个层次的工作表现，启动下一个良性循环！

作者简介

郭来明，友尚股份有限公司人力资源协理，

从事人力资源管理工作20余年，历任物流业、电子科技业、半导体相关产业人力资源部门主管，物流业经营管理顾问师等。